C语言
程序设计（第5版）
学习辅导

谭浩强 ◎ 编著

清华大学出版社

北京

内 容 简 介

本书是与谭浩强所著的《C语言程序设计》(第5版)(清华大学出版社出版)配套使用的参考书。全书分为四部分:第一部分是C语言上机指南,详细介绍了在Dev-C++和Visual Studio集成环境下编辑、编译、调试和运行程序的方法。第二部分是上机实验,提供了学习"C语言程序设计"应进行的12个实验。第三部分是C语言常见错误分析和程序调试。第四部分是《C语言程序设计》(第5版)的习题和参考解答,包括该书各章的全部习题,其中编程习题给出的参考解答中约有100个程序。

本书是学习C语言的参考书,不仅可以作为《C语言程序设计》(第5版)的参考书,还可以作为任何C语言教材的参考书;既适合于高等学校师生使用,也可供报考全国计算机等级考试者和其他自学者参考。

图书在版编目(CIP)数据

C语言程序设计(第5版)学习辅导/谭浩强编著. —北京:清华大学出版社,2024.3
ISBN 978-7-302-65349-3

Ⅰ.①C… Ⅱ.①谭… Ⅲ.①C语言-程序设计-高等学校-教学参考资料 Ⅳ.①TP312.8

中国国家版本馆CIP数据核字(2024)第038848号

责任编辑:谢 琛
封面设计:刘 键
责任校对:李建庄
责任印制:宋 林

出版发行:清华大学出版社
　　　网　　　址:https://www.tup.com.cn,https://www.wqxuetang.com
　　　地　　　址:北京清华大学学研大厦A座　　　　　　　邮　编:100084
　　　社 总 机:010-83470000　　　　　　　　　　　　　邮　购:010-62786544
　　　投稿与读者服务:010-62776969,c-service@tup.tsinghua.edu.cn
　　　质量反馈:010-62772015,zhiliang@tup.tsinghua.edu.cn
　　　课件下载:https://www.tup.com.cn,010-83470236
印 装 者:三河市铭诚印务有限公司
经　　销:全国新华书店
开　　本:185mm×260mm　　　印　张:6.5　　　　　　字　数:146千字
版　　次:2024年3月第1版　　　　　　　　　　　　　印　次:2024年3月第1次印刷
定　　价:29.00元

产品编号:099380-01

C语言是国内外广泛使用的计算机语言。许多高校都开设了"C语言程序设计"课程。作者于1991年编写了《C程序设计》。该书出版后,受到广大读者的欢迎,认为该书概念清晰、叙述详尽、例题丰富、深入浅出、通俗易懂,被许多高校选为教材。

由于全国各地区、各类学校情况不尽相同,对C语言的教学要求、学时数也有所差别。针对应用型大学的情况,作者在2000年编写了《C语言程序设计》,专门给培养应用型人才的本科院校和基础较好、要求较高的高职学校使用。该书出版后,取得了较好的教学效果。根据教学改革的需要,作者先后对该书进行了4次修改,使读者更加容易入门。2009年该书被教育部评为"普通高等教育精品教材",为了配合该书的教学,编写了这本《C语言程序设计(第5版)学习辅导》。

本书包括以下四部分:

第一部分是C语言上机指南。本部分介绍了在Dev-C++和Visual Studio集成环境下运行C程序的方法,使读者在上机练习时有所遵循。

第二部分是上机实验。在这部分中提出了上机实验的要求,介绍了程序调试和测试的初步知识,并且安排了12个实验,供实验教学参考。

第三部分是C语言常见错误分析和程序调试。作者根据多年教学经验,总结了学生在编写程序时常出现的问题,以提醒读者少犯类似错误。此外,本部分还介绍了调试程序的知识和方法,为上机实验打下基础。

第四部分是《C语言程序设计》(第5版)的习题和参考解答。在这一部分中包括了清华大学出版社出版的《C语言程序设计》(第5版)的全部习题。对于其中少数概念问答题,由于能在教材中直接找到答案,为节省篇幅没有给出答案外,本书对所有编程题给出了参考解答,包括程序清单和运行结果。对于一些比较复杂的问题,本书给出N-S流程图,并在程序中加注释以便于读者理解,对少数难度较大的题目还给出了比较详细的文字说明。对于相对简单的问题,本书只给出程序清单和运行结果,以便给读者留下思考的空间。对有些题目,本书给出了两种参考答案,供读者参考和比较,以启发思路。

在这部分中提供了近100个不同类型、不同难度的程序,全部程序都在Visual C++ 6.0

环境下调试通过。这些程序是对《C语言程序设计》(第5版)例题的补充。由于篇幅和课时的限制,在教材中只能介绍一些典型的例题。读者在学习C语言程序设计过程中,如能充分利用本书,多看程序,理解不同程序的思路,将会大有裨益。

应该说明的是,本书给出的程序并非是最佳的一种,甚至不一定是唯一正确的解答。对同一个题目可以编写出多种程序,本书给出的只是其中的一种。读者在使用本书时,千万不要照抄照搬,本书只是提供了一种参考方案,读者完全可以编写出更好的程序。

本书不仅可以作为《C语言程序设计》(第5版)的参考书,还可以作为任何C语言教材的参考书;既适合于高等学校师生使用,也可供报考全国计算机等级考试者和其他自学者参考。

本书难免会有错误和不足之处,作者愿得到广大读者的指正。

谭浩强

2024年1月于清华园

目 录

第一部分　C语言上机指南

第二部分　上 机 实 验

第 3 章　上机实验的指导思想和要求 ◆43◆

第 4 章　实验安排 ◆46◆

第三部分　C 语言常见错误分析和程序调试

第 5 章　常见错误分析 ◆67◆

第6章　程序的调试与测试　　83

第四部分　《C语言程序设计》(第5版)的习题和参考解答

第7章　习题和参考解答　　95

第一部分

C 语言上机指南

学习 C 语言程序设计必须重视实践训练,自己动手使用 C 语言编译系统(常称为编译器)进行编写、修改、调试和运行 C 程序。

编译系统的作用主要包括 4 部分:(1)编辑。为用户提供一个编辑源程序的工作界面,用户可以在这里输入源程序并对源程序进行修改。(2)编译。系统首先检查源程序有无语法错误,如果没有,就把 C 源程序转换成二进制目标程序(后缀为.obj)。(3)连接。把一个程序所包括的、由各源文件分别经编译得到的各目标程序和系统提供的 C 语言的库函数有机地连接在一起,得到一个可执行文件(后缀为.exe)。(4)运行。运行可执行程序,得到结果。

C 语言编译系统是用来对 C 语言程序进行编译和运行的工具,它并不是 C 语言的一部分。不同的软件厂商分别开发出一些 C 语言编译系统,供用户选用。不同的编译系统原理大体相同,功能有所不同。有的比较复杂,功能比较强,适用于处理大型复杂的程序;有的比较简单一些,适用于处理小型的程序。在网上可以搜索到不同的编译系统。

可以使用任何一种编译系统对 C 程序进行编译,只要能完成编译和运行任务即可,它只是一个工具而已。读者可以选择适合于自己的 C 语言编译系统进行工作。

本书介绍两种常用的 C 语言编译系统供大家选用,其中 Dev-C++ 是比较容易掌握和使用的一种。

第 1 章

用 Dev-C++ 运行 C 程序

1.1 Dev-C++ 的安装与启动

Dev-C++ 是一个用于 C/C++ 编译的小型集成开发环境(IDE),适合 Windows 环境中的初学者。Dev-C++ 使用 MinGW GCC 编译器,支持用 C99 标准编写的程序,提供使用方便的工作界面、高亮度的语法显示以减少编辑错误,它有完善的调试功能,适合 C/C++ 语言初学者,也适合非专业的一般开发者。

1. Dev-C++ 的发展

(1) 读者可以下载 Dev-C++ 的新版本 Dev-C++ 5.11。下载后,计算机屏幕上显示如图 1.1 所示的图标,双击它进行安装。

(2) 安装开始后,出现如图 1.2 所示的对话框。

图 1.1   图 1.2

(3) 选择语言后,单击 OK 按钮,出现如图 1.3 所示的许可证协议界面。

(4) 单击图 1.3 下部的 I Agree 按钮,表示同意许可证协议,然后屏幕出现如图 1.4 所示的选择安装组件的界面。

(5) 一般情况下,采用默认的选择即可。单击 Next 按钮后,出现如图 1.5 所示的选择安装位置的界面。

(6) 如果无须更改安装位置,则单击 Install 按钮,系统自动安装,安装完成后出现如图 1.6 所示的界面。

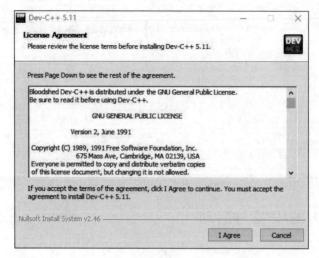

图 1.3

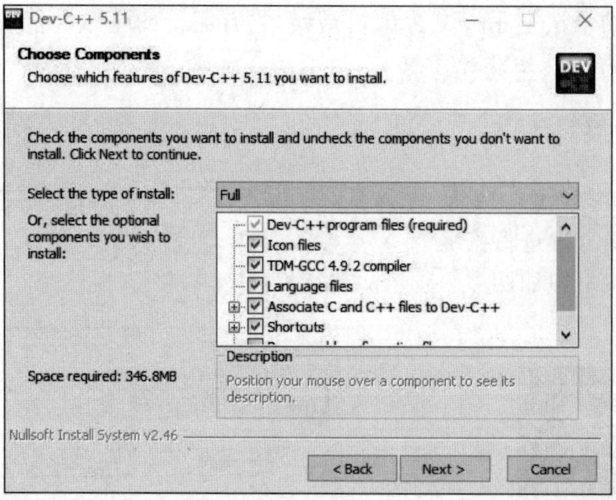

图 1.4

(7) 单击 Finish 按钮,表示安装结束,在桌面上出现如图 1.7 所示的 Dev-C++ 图标(注意它的左下侧有一个箭头,表示这是一个快捷方式图标)。

2. Dev-C++ 的启动

双击图 1.7 所示的 Dev-C++ 图标,启动 Dev-C++。出现如图 1.8 所示的 Dev-C++ 的集成环境,用户可以在此进行操作。

图 1.8 上方有一行菜单栏,菜单栏上各项分别是 File(文件)、Edit(编辑)、Search(搜索)、View(视图)、Project(项目)、Execute(运行)、Tools(工具)、AStyle、Window(窗口)、Help

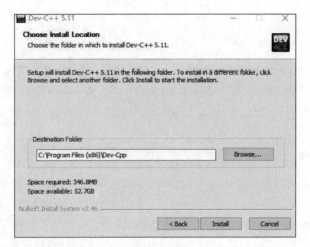

图　1.5

图　1.6

图　1.7

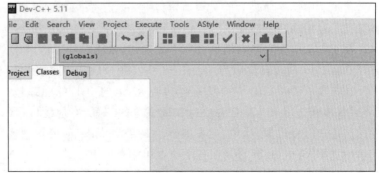

图　1.8

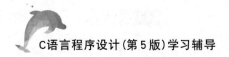
(帮助)。

菜单栏下面有一行图标(见图1.9),利用它们可以进行快捷的操作。

图 1.9

该行各图标从左到右依次分别代表：New,Open(Ctrl+O),Save(Ctrl+X),Save As (Shift+Ctrl+S),Close(Ctrl+W),Close All(Shift+Ctrl+W),Print(Ctrl+P),Undo (Ctrl+Z),Redo(Ctrl+Y),Compile(F9),Run(F10),Compile & Run(F11),ReBuild (F12),Debug(F5),Stop Excution,Profile Analysis,Delete Profiling Information。

用户可以单击这些图标代替菜单中的相应操作。

图1.8显示的是英文界面,如果用户想使用中文界面,可以单击英文菜单栏的 Tools 选项,并选下拉菜单中的 Environment Options 选项,然后在弹出界面的 Language 下拉框中选择"简体中文/Chinese",单击 OK 按钮确定,这时就会出现如图1.10所示的中文工作界面。

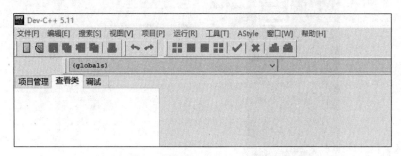

图 1.10

顶部菜单栏中的各项为文件(F)、编辑(E)、搜索(S)、视图(V)、项目(P)、运行(R)、工具(T)、AStyle、窗口(W)、帮助(H)。

若想从中文界面改为英文界面,可单击中文菜单栏的"工具"选项,并选择菜单中的"环境选项";然后在弹出界面的"语言"下拉框中选择 English(Original),单击"确定"按钮。

由于中文版中有些名词翻译得不太确切,未能准确表达出英文名词的原意,因此本书在介绍 Dev-C++ 时以英文版为主要依据,中文版只供读者需要时参考。

在图1.8和图1.10中可以看到：Dev-C++ 的 IDE 的中部包括左右两个区,左边的区是"项目管理区",用来显示有关项目和调试等的信息,右边的区是"程序区",用来输入和调试程序。用户可以根据需要决定在屏幕上是否隐藏该"项目管理区",方法如下：在 IDE 顶部菜单中选择 View(视图),并在其下拉菜单中单击 Project/Class Browser(项目管理),此时在该项目名称左侧出现一个对钩,屏幕上就会出现"项目管理区",再次单击该项目名称,对钩消失,屏幕不再显示此"项目管理区"。

 输入和编辑源程序

本节介绍最简单的情况:源程序只由一个源程序文件组成,即单文件程序。

1.2.1 新建一个C源程序的方法

如果要输入一个新的程序,可以在图 1.8 所示的工作界面上方的菜单栏中选择 File→New→Source File,如图 1.11 所示。也可以单击菜单栏下面快捷工具栏中的 New 按钮,或用 Ctrl+N 组合键代替以上操作。

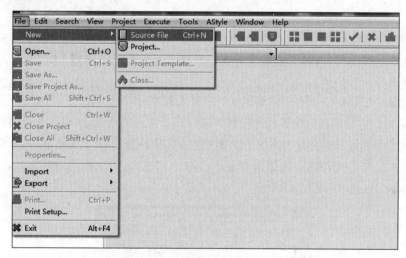

图 1.11

此时屏幕上会出现如图 1.12 所示的界面。

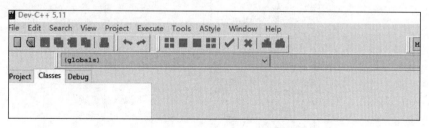

图 1.12

图 1.12 左侧的区间是有关"项目"的,如果是小的程序,不需要建立项目,左侧留空白。

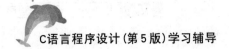

右侧用来输入源程序。

我们在右侧这个区中输入自己的源程序,如图1.13所示。可以看到系统在程序各行的左侧自动加上了行号。

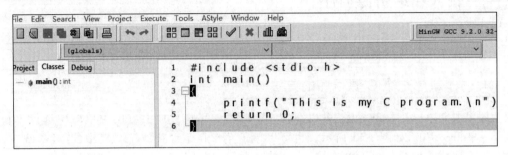

图 1.13

提醒:有人可能习惯使用中文输入法,但在输入程序时必须转换成英文输入状态(如果能在程序编辑区输入中文,说明是在中文输入环境下),否则容易出错(如中文的逗号或分号都会导致程序编译时出错)。

系统已设置在Dev-C++的程序编辑窗口中输入程序时,默认情况下,当前输入的行显示为浅蓝底白字(用户也可以自己设置程序中某些成分显示不同的颜色,这将在本章稍后介绍)。

应当养成一个好习惯:在输入完一个源程序后,及时把它保存在硬盘中,以后需要时可以随时调出来。保存文件的方法很简单:单击图1.13主菜单左侧第一项File,从其下拉菜单中选择Save As选项(见图1.14)。

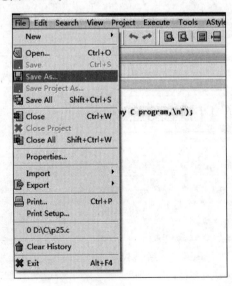

图 1.14

这时会弹出一个"另存为"窗口(见图1.15右侧)。

图　1.15

在"另存为"窗口的最上部"保存在(I)"栏中指定文件路径(我们可以指定为:D盘中名为"C"的文件夹)。从图1.15的保存窗口中可以看到:在该文件夹中原来已经有了两个文件(c1.cpp和c11.cpp)。如果现在想把当前的程序也存储在此文件夹中,并且指定文件名为c1.c,可以在窗口下部的"文件名(N)"栏中输入"c1.c",这时此文件夹中就存入了c1.c文件。

如果下次再保存这个文件,则应选择File→Save,而不是File→Save As了(请思考为什么?)。也可以用Ctrl+S快捷键直接把该文件保存在原有的文件夹中。

1.2.2　打开一个已有的文件

如果已经编辑并且保存过一个C源程序,现在希望打开这个源程序文件以便修改,可以采取下面的方法。

(1) 在Windows"此电脑"中按路径找到已有的文件(如D盘中名为"C"的文件目录中的c1.c文件,即D:\C\c1.c),双击此文件名,即可直接看到图1.16所示的IDE。

(2) 在图1.8的工作界面上方的菜单中选择:File→Open,然后在弹出的Open对话框上方的"查找范围(I)"中选择路径,并在下方"文件名(N)"栏中输入所需要的文件名(或在窗口中已有的文件中选择),见图1.17,这里选择了c1.c。

单击"打开(O)"按钮后,得到和图1.16一样的结果。

单击File菜单中的Close命令,可以关闭当前编辑的文件,程序退出屏幕。

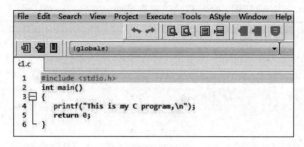

图 1.16

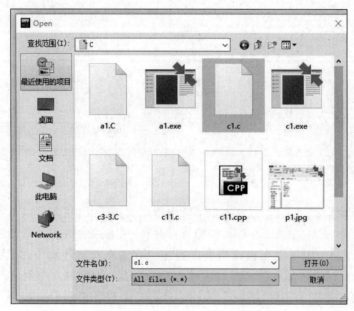

图 1.17

1.2.3 通过已有的程序建立一个新程序的方法

如果有已经过编辑并保存的源程序,则可以通过已有的程序来建立一个新程序,可以利用原有程序中的部分内容。这样做比重新输入一个新文件省事。方法如下:

(1) 用上面介绍的方法打开任何一个已有的源程序。

(2) 把这个程序修改为新的程序,然后用 File→Save As 将它以另一个文件名保存,就生成了一个新文件。

用这种方法很方便,但是应当注意在保存新程序时,不要错用 File→Save 操作,否则原有程序的内容就被改变了。

编译、连接和运行

1.3.1　程序的语法检查

输入源程序后应该先人工检查有无错误。假如程序如图 1.16 所示,人工检查结果认为没有问题,还可以用 Dev-C++ 提供的语法检查功能进行检查。

方法是:选择主菜单中的 Execute(运行)→Syntax Check(语法检查),如图 1.18 所示。

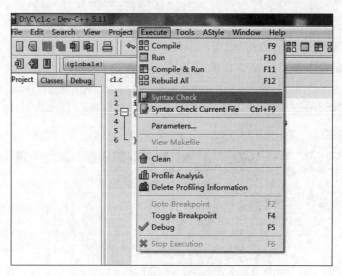

图　1.18

检查的情况显示在程序区下方的信息区中,如图 1.19 所示。

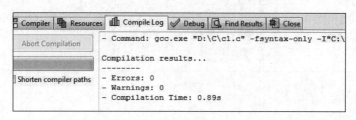

图　1.19

可以看到系统检查结果为错误(Errors):0 个,警告(Warnings):0 个。表示没有错误,也没有警告。

语法错误分为两种:一种是致命的错误,以 error 表示(如语句末没有分号、变量没有定义、库函数名字写错等),程序中有这类错误,就通不过编译,无法生成目标程序,更谈不上运行了。另一种是轻微错误,以 Warning(警告)表示(如定义了变量没有使用,把一个实数赋给整型变量等),这类错误不影响生成目标程序和可执行程序,但有可能影响运行的结果,也应当改正。

1.3.2 程序的编译和连接

编辑修改好源程序后就可以对源程序进行编译了。编译包括以下 4 方面的工作:

(1)进行预编译,把程序中的预编译部分(如:#include <stdio.h>)转换为可以进行编译的源代码。

(2)对已经过预编译的源程序逐行进行语法检查,如果发现有错,就发出"出错信息",停止编译,返回修改。

(3)如果没有语法错误,就把源程序翻译成二进制目标程序(后缀为.obj)。

(4)将各目标程序和 C 函数库以及其他系统资源进行连接,最后形成一个可执行文件(后缀为.exe)。

在 Dev-C++ 中,上面 4 个步骤是连续进行,一气呵成的。具体方法是:在 IDE 主菜单中,选择 Execute(运行)→Compile(编译,快捷键 F9),见图 1.20。

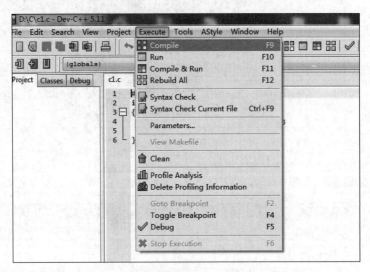

图   1.20

这时 Dev-C++ 就开始对 c1.c 程序进行编译。如果没有发现语法错误,就显示出如图 1.19 所示的信息,表示编译通过了,可以提供运行了。

如果程序有错误呢?我们可以人为设置一个错误,譬如把 c1.c 程序第 4 行 printf 语句中最后的分号去掉。程序改为

```
#include <stdio.h>
int main()
```

```
{
    printf("This is my C program\n")              //少了一个分号
    return 0;
}
```

再用以上的方法进行编译,结果如下:程序区中第 5 行变成红底白字(颜色是用户可以自己设定的,见 1.4 节),同时其下方信息区显示了出错的信息(见图 1.21),图 1.22 是图 1.21 下部信息区的放大。

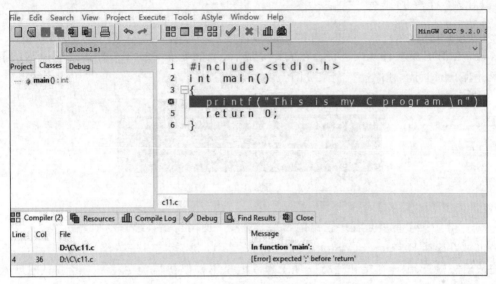

图　1.21

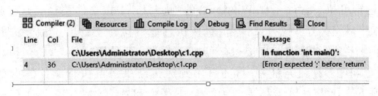

图　1.22

在图 1.22 上可以看到,系统把出错行的背景色变成红色的同时,还具体指出:在 main 函数第 4 行 36 列处发现一个错误(Error):在 return 之前应该有一个分号。

这个出错信息是很明确的,用户可以根据它对程序进行修改,然后再进行编译,直到无错误为止。但是,有时系统给出的出错信息不太明确,甚至看不懂,这就需要用户自己分析,找出问题所在,然后改正。

从前面的例子中可以看出,编译过程包括了语法检查,因此在实际操作中一般不必先用系统提供的“语法检查”功能专门进行语法检查,然后再进行编译。只要选择 Execute(运行)

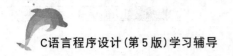

→Compile(编译)即可。

编译连接完成后,产生一个与源程序同名、后缀为.exe的可执行文件(如 c1.exe),存放在源程序所在的文件目录中。

注意:在保存源程序时,文件名的后缀要用".c"命名,例如 c1.c,如果不加后缀(如只写c1),系统默认其为 C++ 文件,自动增加的后缀为.cpp(如 c1.cpp)。下次打开该文件进行修改编译时,系统会把它作为 C++ 程序处理。

1.3.3 程序的执行

在得到可执行文件后,即可运行该可执行文件。运行可执行文件有两种方法:

(1) 在 IDE 集成环境中进行。在编译完成后,单击菜单 Execute,并在其下拉菜单中选择 Run(F10)即可。程序运行结果见图 1.23。

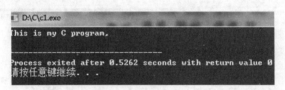

图 1.23

图 1.23 中第 1 行就是程序输出的结果。虚线下面两行是系统自动加上的。

也可以选择 Execute→Compile & Run,或按 F11 键,指定在完成编译后接着运行,即一次完成语法检查、编译连接和运行三项工作。但是不提倡初学者在程序未经调试时就这样做,因为初学时写的程序往往多少有些错误,还是先进行编译确认无语法错误后再运行比较好。

(2) 直接运行可执行程序。在 Windows 的"此电脑"中按文件路径找到存放该可执行文件(c1.exe)的文件夹,双击可执行文件名,直接执行该可执行文件。这种方法的好处是不必进入 IDE 打开程序文件,就可以直接运行可执行文件。但是用这种方法运行可执行文件时,往往会出现一个问题:看到屏幕一闪,却看不到运行结果。可执行文件的指令执行完后就结束了,没有停下来让人看显示结果。为了解决这个问题,可以在程序的 return 语句前加一行:

```
system("pause");          //这是一个暂停的函数
```

同时在程序开头加一行:

```
#include <stdlib.h>          //这是 system 要求的
```

重新编译运行,得到新的可执行文件,再运行这个新文件,可以看到:在显示运行结果后程序暂停,这时就可以看到前面的运行结果了。看完后按任意键结束显示。

1.4　为程序各部分着色

　　读者通常看到的程序一般是单色的(白底黑字或黑底白字),初学者调试简单的程序是没有什么困难的,但是,如果程序比较大,调试时要找到某一行或某一处是不太容易的。因此,有的程序员希望把程序中不同的部分用不同的颜色显示,同时对某些程序行用不同颜色显示,可方便阅读和查找。Dev-C++ 提供了这种功能。

　　先在 IDE 中打开需要处理的程序。然后在主菜单 Tools 中选择 Editor Options(编辑器选择),弹出如图 1.24 所示的界面。

　　在图的右下角有一个 Highlight Current Line(高度显示当前行)栏,系统已设置程序的当前行以高亮度显示,该行的颜色可以由用户指定,现选择背景为蓝色(当然也可以选择其他颜色),前景为白色。

　　如果希望指定程序其他部分的颜色,可以单击图 1.24 上方标题中的 Colors(颜色),此时会弹出一个窗口,窗口的左侧是可以选择颜色的项目,如图 1.25 所示。

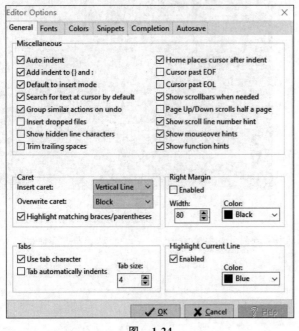

图　1.24

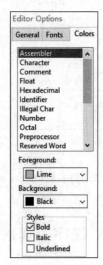

图　1.25

　　在图的中部有 Foreground(前景)和 Background(背景)两个框,用户可以从中选择为程序某些部分设置前景色和背景色。

　　例如我们可以选择:

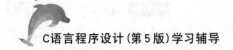

Preprocessor	指定**预处理**行的前景为绿色,背景为白色。
Break Points	指定**断点行**的前景为白色,背景为红色。
Error Line	指定**出错行**的前景为白色,背景为红色。
Reserved Word	指定**保留字**前景为白色,背景为红色。
String	指定程序中**字符串**的前景为紫色,背景为白色。
Illegal	指定程序中**非法字符**的前景为红色,背景为白色。
Number	指定程序中**数字**的前景为黑色,背景为白色。

这样程序的相关部分就会以不同颜色显示,如图 1.26 所示。

如果把上面所列的各项指定的背景色都改为黑色,前景改为白色或其他颜色,就可以得到如图 1.27 所示的程序,背景是黑色,前景是白色或其他颜色。

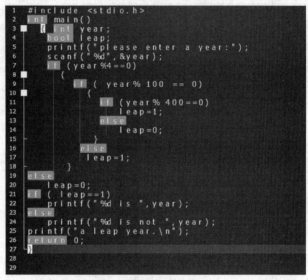

图 1.26　　　　　　　　　　　图 1.27

由于程序中不同部分采用了不同颜色显示,程序看起来一目了然,结构清晰。

 1.5 程序的调试

程序出现的错误有两类:一类是**语法错误**(或者称为编译错误,是在编译阶段发现的)。另一类是**运行错误**。一个程序如果没有语法错误,能够正常运行,但是有可能运行结果是错误的。这种情况可能是程序的逻辑有错误,如算法有错误自然得不到正确结果;又如输入时把"b＝a;"错写为"a＝b;";或者计算 a/b,而 b 的值等于 0;等等。这种错误往往是逻辑错误。

语法错误比较容易发现和改正,而运行错误比较隐蔽,不容易发现。在得到运行结果后,千万不要以为问题已解决了,要对运行结果进行深入的研究,分析其中有无错误。

1.5.1　在程序中设置暂停行

为了便于发现程序中的错误,可以在程序中适当的地方设立"暂停行",以便分段检查程序运行情况。设立暂停行的方法是用库函数 system("pause"),同时在程序开头包含一个头文件:

```
#include <stdlib.h>
```

下面是一个简单的例子。图 1.28 第 9 行就是 system 语句。

运行情况如下:

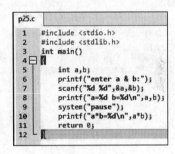

```
enter a & b: 3 4          (执行第 6,7 行)
a=3 b=4                   (执行第 8 行)
```

然后遇到 system("pause")暂停,此时用户可以检查此前的输入是否正确,如果没有问题,按任意键后程序继续执行下面的语句,输出

图　1.28

```
a *b=12
```

在一个程序中可以设多个暂停行,以便分段检查。

1.5.2　利用调试(Debug)功能

上面介绍的方法比较简单,但效果不明显,只能解决很简单的问题。下面介绍利用 Dev-C++ 提供的调试(Debug)功能,这是一种有效的排错手段。

1. 首先要确认编译器是否具有调试功能

在利用调试工具之前,先要确认所用的 Dev-C++ 系统是否包含调试功能。方法是:在 IDE 集成环境主菜单中单击 Tools(工具),在其下拉菜单中选择 Compiler Options(编译器选择),此时在屏幕上弹出如图 1.29 所示的 Compiler Options(编译器选择)界面。

从图 1.29 最上方可以看到:Dev-C++ 默认安装的编译器是 MinGW GCC 9.2.0 32-bit Debug,32 位,包含 Debug(调试)功能。这是一个免费开源的 C/C++ 编译器。对于大部分用户来说,使用默认设置即可。有的编译系统是 64 位的,但是一定要包含"Debug"。如果当前的编译器配置方案中不含有调试功能,在开始调试时会弹出对话框,提示:没有调试功能,不能启动调试。请单击"确定"按钮,然后重新选择带有"调试"的编译器配置方案。

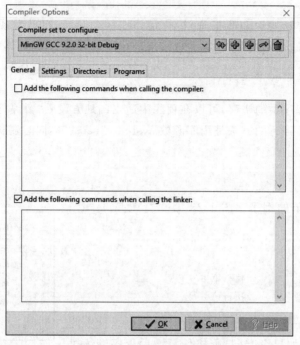

图 1.29

"确认编译器是否具有调试功能"这项工作只需进行一次,在确认系统具有调试功能后,就能顺利进行下面的调试工作。

2. 设立断点——单步执行

调试程序的方法是让程序运行到被怀疑有错误的程序行之前停下来,然后在人的控制下逐行运行,检查相关变量的值,判断错误产生的原因。想让程序运行到某一行前暂停下来,需要将该行设成断点。

假如有一个 C 程序,如图 1.30 所示。

```
1    #include <stdio.h>
2    int main()
3    {int i,n;
4      printf("enter n:");
5      scanf("%d", &n);
6      for (i=0;i<=n;i++)
7        printf("%d ",i);
8    printf("\n");
9    return 0;
10   }
```

图 1.30

这是一个输出从0～10的循环程序,我们可以使程序每次只执行一行,以便观察运行的情况,分析是否合理,从而发现错误的原因,并加以改正。

具体方法是:

(1) 先对程序进行编译,如发现有语法错误应改正,以保证无语法错误。

(2) 设置断点。对于小程序可以选择第一个可执行语句作为断点,从头开始逐行执行。现在想选第一个printf语句作为断点,可以单击该行左侧行首(或者按F4键),此时该行显示为红底白字加亮,在该行左侧行号上有一个红色的对钩,表示此行已成为断点,如图1.31所示。

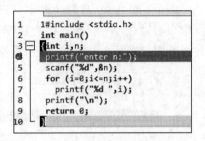

```
1    1#include <stdio.h>
2    int main()
3    {int i,n;
4       printf("enter n:");
5       scanf("%d",&n);
6       for (i=0;i<=n;i++)
7          printf("%d ",i);
8       printf("\n");
9       return 0;
10   }
```

图   1.31

(3) 进入调试状态。注意不要用"Execute→Run"来运行程序,而应该用调试命令。可以用下面两种方法之一进入调试状态:

① 单击 IDE 主菜单中的 Execute,从其下拉菜单中选择 Debug,或直接按 F5 键。

② 单击 IDE 底部的 Debug,屏幕底部会展开如图1.32所示的操作区。

🔳 Compiler	🗐 Resources	🗐 Compile Log	✓ Debug	🔍 Find Results	🏵 Close
✓ Debug	Add watch	Next line	Continue	Next instruction	
🏵 Stop Execution	View CPU window	Into function	Skip function	Into instruction	
Evaluate:					

图   1.32

再单击图中第二行左端的 Debug,就进入调试状态了。

(4) 进入调试后,会直接执行到第一个断点(而不是第一条可执行语句)处暂停。这时可以利用调试命令 Next line(下一行)或按 F7 键执行下一行语句。

单击图1.32中的 Next line(在调试状态下图1.32中的各按钮都是活跃的),此时系统就执行程序的下一行。每按一次 Next line 就依次执行一行。程序中会把下一次要执行的程序行以蓝底白字加亮形式显示。

如果程序比较长,就不应采取从头开始逐行执行,可以初步分析一下从哪行开始可能有问题,就把该行作为断点,调试开始时跳过前面各行直接到这一行。然后从这个断点开始用 Next line 实现逐行执行。

注意:现在是在 Dev-C++ 的 IDE 界面上进行操作的,而运行结果是在另一个窗口(运行窗口)中显示的。在运行时会看不到运行结果。为了能看到运行窗口,可以单击 IDE 界面右上角的"最小化"按钮,使 IDE 以最小化形式存放到 Windows 界面底部的"任务栏"中,这时在屏幕上就可以看到运行窗口了。

在操作过程中,运行窗口会多次从屏幕消失,可以从 Windows 下方的任务栏中找到它,并使之还原到屏幕。

为了观察方便,最好让程序窗口和运行窗口同时出现在屏幕上。方法是:把 IDE 和运行窗口都以"最小化"形式存放到 Windows 界面底部的"任务栏"中。然后先后把它们还原放大到同一屏幕上,并调整到合适的位置,如图 1.33 所示,右下角是运行窗口。

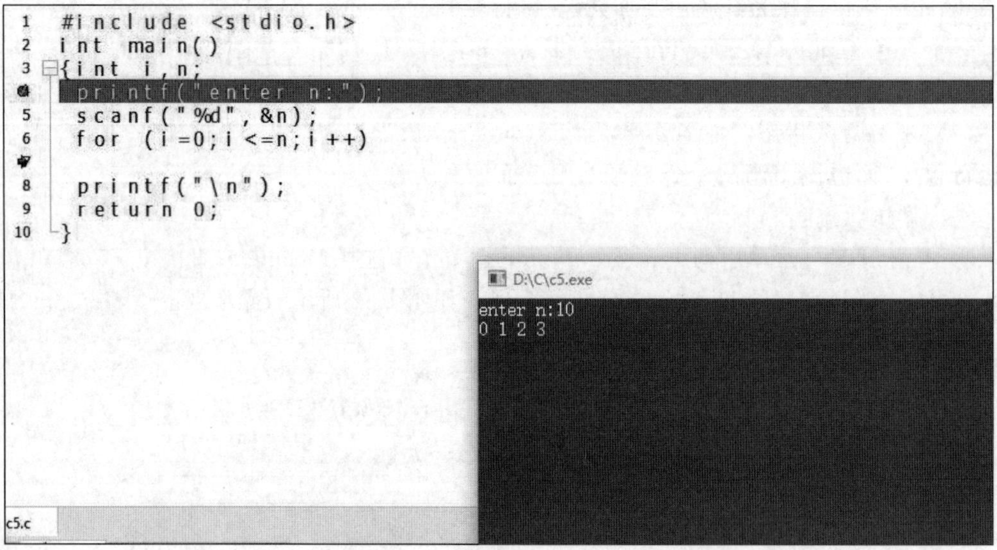

图　1.33

建议读者自己在计算机上进行操作,仔细观察屏幕上的程序和运行窗口中的变化,分析每一次的 Next line 是怎样进行的。

任何一行都可以设定为断点,譬如可以把第一行(include 行)设为断点,该行也以红色加亮。但是当调试开始后,可以看到第 4 行显示为蓝底加亮行,表示下面要执行的是第 4 行。当单击 Next line 后,就执行第 4 行(因为第 2、3 行不是可执行语句)。

如果程序比较大,可以在程序中根据需要设置多个断点。这样可以把程序分为若干段,逐段分析,便于发现问题。如果经过检查认为本段程序没有问题,或问题已经解决,则可单击 Continue(继续)按钮。此时会转到下一个断点(如果后面没有断点,就执行到程序结束)。若单击 Stop Execution 按钮,本次调试结束。调试结束后,再单击断点的行首,撤销断点的设置。

注意:

(1) 使用调试和运行的区别——使用调试工具时应该用 Debug 命令(F5),而不能用 Run 命令(F10 或 F11)。

(2) 要调试的程序必须**先进行编译**,然后再用 Debug 命令进行调试。如果在调试过程中修改了程序,一定要**重新编译**再调试。否则进行调试的仍然是原来的程序,而不是修改过了的程序。

说明:图1.32所示菜单中的Next line的作用是——运行下一行,如果下一行是对函数的调用,不进入函数体。Into function的作用是——运行下一行,如果下一行是对函数的调用,则进入函数体。

3. 设置 Watch 窗口观察变量的值

在用断点和Next line调试程序时,可以用简便的Watch窗口的方法去获得各变量在不同期间的值。方法是:单击图1.32调试菜单中的Add Watch选项,表示希望增加一个观察窗口Watch来显示有关变量的值。这时屏幕会弹出一个Watch窗口,如图1.34所示。

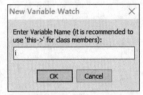

如果想知道变量i当前的值,可以在图1.34中输入变量名i并单击OK按钮。这时在IDE中左侧的"项目管理区"中会显示出变量i的当前值,见图1.35左侧窗口,显示出"i=7"。

图 1.34

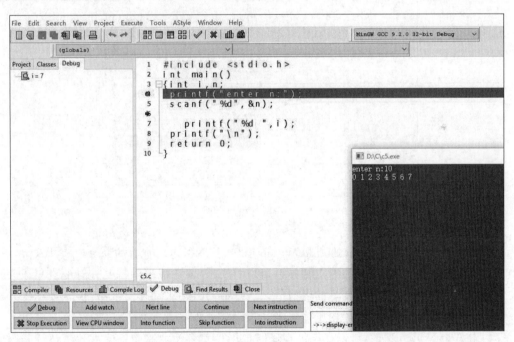

图 1.35

需要注意的是:这个值是会随着程序的执行而变化的,读者可以看到,随着Next line的执行,"项目管理区"中显示的i的值是随之动态变化的。

在Watch窗口中不仅可以指定需要查看的变量,也可以指定需要查看的表达式。可以使用多个 Add Watch 同时查看多个变量或表达式的值的变化。

其实操作还可以简化,不一定要在调试菜单中选择 Add Watch 选项,可以在调试过程中随时按下鼠标右键,并从弹出的快捷菜单中选择 Add Watch 选项,如图1.36 所示。

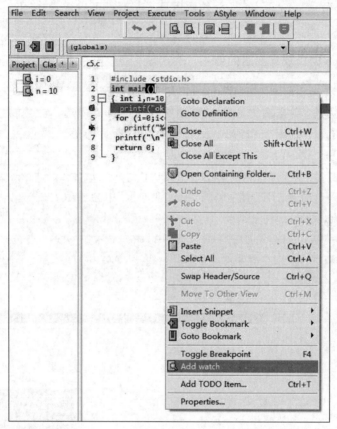

图   1.36

此时会弹出如图1.34 所示的 Add Watch 窗口,然后指定要查看的变量或表达式。

还有更简单的方法,程序在断点暂停后,移动鼠标停留在程序中需要查看的变量或表达式上,系统会在其旁边显示出变量的当前值。注意移动鼠标时动作要细心,位置要精准。如果要查看的是表达式的值,需要用鼠标单击并覆盖整个表达式。

利用 Add Watch 功能,可以在调试程序时根据需要方便地监测各变量和表达式各瞬时的值,为分析程序、发现问题提供了很大的便利。

提醒:要注意图1.35 中左侧"项目区"上方的三个选项(Project,Classes,Debug)的状态,应选择 Debug,否则不会显示上面调试的信息。

小结:调试程序是一件很重要也很有意思的工作,需要开动脑筋、用心检查、仔细分析、反复试验,没有现成的答案,全靠周密的思考和实践的经验。发现程序有问题,正是很好的学习机会。一个可供使用的程序往往经过反复多次调试和修改才完全排除程序中的错误。在程序开发人员实际工作中,有时为了找出一个 bug,需用好几天时间,期间吃不下饭,睡不着觉。但是它对提高我们的独立思考能力,丰富实际工作经验是很好的机会。希望读者重视它,充分利用它。

以上是关于用 Dev-C++ 编译和运行 C 程序的初步知识,Dev-C++ 还有其他功能,读者如需要了解,可参阅有关资料或手册。

第 2 章

用 Visual Studio 运行 C 程序

2.1 关于 Visual Studio

学习 C 语言程序设计时要进行上机实践,过去大多数采用 Visual C++ 6.0 集成环境,使用是比较简单方便的。由于 Windows XP 已退出历史舞台,而许多使用 Windows 7 操作系统的用户不能顺利安装 Visual C++ 6.0 系统,因而难以使用 Visual C++ 6.0 来编译和运行 C 程序。在此情况下,可以改用 Visual Studio。

Visual Studio 先后有多个版本(如 2008,2010,…),但是其基本部分是相同(或相似)的,掌握其中一种也就会使用其他的版本了。现以 Visual Studio 2010 为例进行介绍。

Visual Studio 2010 中的 Visual C++ 2010 是专门用来处理 C++ 程序的,由于 C++ 与 C 基本上是兼容的,因此,可以用 Visual C++ 2010 来处理 C 程序。这样,为了编译和运行 C 程序,就可以利用 Visual Studio 2010 这个开发工具。

下面对 Visual Studio 2010 作简单介绍。

Visual C++ 2010 是 Visual Studio 2010 的一部分,要使用 Visual Studio 2010 的资源,因此,为了使用 Visual C++ 2010,必须安装 Visual Studio 2010。Visual Studio 2010 可以在 Windows 7 环境下安装。如果有 Visual Studio 2010 光盘,执行其中的 setup.exe,并按屏幕上的提示进行安装即可。

下面介绍怎样用 Visual Studio 2010(中文版)编辑、编译和运行 C 程序。如果读者使用英文版,方法是一样的,无非界面显示的是英文。我们在下面的叙述中,同时提供相应的英文显示。

双击 Windows 窗口中左下角的"开始"图标,在弹出的软件菜单中有 Microsoft Visual Studio 2010 菜单。双击此行,就会出现 Microsoft Visual Studio 2010 的版权页,然后显示

"起始页",见图 2.1。[①]

图 2.1

在 Visual Studio 2010 主窗口中的顶部是 Visual Studio 2010 的主菜单,其中有 12 个菜单项:文件、编辑、视图、调试、团队、数据、工具、体系结构、测试、分析、窗口、帮助。

我们不详细介绍各菜单项的作用,只介绍在建立和运行 C 程序时用到的部分内容。

怎样建立新项目

使用 Visual Studio 2010 编写和运行一个 C 程序,要比用 Visual C++ 6.0 复杂一些。在 Visual C++ 6.0 中,可以直接建立并运行一个 C 文件,得到结果。而在 2008 和 2010 版本中,必须先建立一个项目,然后在项目中建立文件。因为 C++ 是为处理复杂的大程序而产生的,一个大程序中往往包括若干 C++ 程序文件,把它们组成一个整体进行编译和运行,这就是一个项

[①] 也可以先从 Windows 窗口左下角选择"开始"→"所有程序"→Microsoft Visual Studio 2010,再找到其下面的 Microsoft Visual Studio 2010 项,右击,在弹出的快捷菜单中选择"锁定到任务栏(K)",这时在 Windows 窗口的任务栏中会出现 Visual Studio 2010 的图标。还可以在桌面上建立 Visual Studio 2010 的快捷方式,双击此图标,也可以显示出图 2.1 的窗口。用这种方法,在以后需要调用 Visual Studio 2010 时,直接双击此图标即可,比较方便。

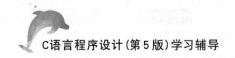

目。即使只有一个源程序,也要建立一个项目,然后在此项目中建立文件。

下面介绍怎样建立一个新的项目:在图2.1所示的主窗口中,在主菜单中选择"文件",在其下拉菜单中选择"新建",再选择"项目"(为简化起见,以后表示为"文件"→"新建"→"项目"),见图2.2。

图 2.2

单击"项目",表示需要建立一个新项目,此时会弹出一个"新建项目"对话框,如图2.3所示。在其左侧的Visual C++中选择Win32;在其中部选择"Win32控制台应用程序";在对话框下方的"名称"文本框中输入建立的新项目的名称,如project_1;在"位置"文本框中输入指定的文件路径,如D:\C++,表示要在D盘的C++目录下建立一个名为project_1的项目(名称和位置的内容是由用户自己随意指定的)。也可以用"浏览"按钮从已有的路径中选择。此时,最下方的"解决方案名称"文本框中自动显示project_1,这和刚才输入的项目名称(project_1)同名。然后,勾选右下角的"为解决方案创建目录"复选框。

说明:在建立新项目project_1时,系统会自动生成一个同名的"解决方案"。Visual Studio 2010中的"解决方案"相当于Visual C++6.0中的"项目工作区"。一个"解决方案"(即一个项目工作区)中可以包含一个或多个项目,组成一个处理问题的整体。处理简单的问题时,一个解决方案中只包括一个项目。经过以上的指定,形成的路径为D:\C++\project_1\project_1。其中第一个project_1是"解决方案"子目录,第二个project_1是"项目"子目录。

单击"确定"按钮后,屏幕上弹出"Win32应用程序向导"对话框,见图2.4。

单击"下一步"按钮,弹出图2.5所示的对话框,从"应用程序类型"的单选按钮中选中"控制台应用程序"单选按钮(表示要建立的是控制台操作的程序,而不是其他类型的程序),在"附加选项"的复选框中勾选"空项目"(表示所建立的项目现在内容是空的,以后再往里添加)。

图　2.3

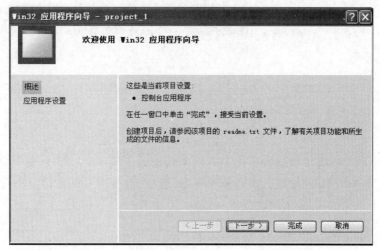

图　2.4

　　单击"完成"按钮,一个新的解决方案 project_1 和项目 project_1 已建立好了。屏幕上出现如图 2.6 所示的窗口。

　　如果在窗口中没有显示出图 2.6 所示的内容,可以在窗口右上方的工具栏中找到"解决方案资源管理器"图标(见图 2.6 右上角),单击此图标,在工具栏的下一行出现"解决方案资

图   2.5

图   2.6

源管理器"选项卡。还可以根据需要把工具栏中其他的工具图标(如"对象浏览器"等)以选项卡形式显示出来。单击"解决方案资源管理器"选项卡,可以看到窗口第一行为:"解决方案'project_1'(1 个项目)",表示解决方案 project_1 中有一个 project_1 项目,并在下面显示出 project_1 项目中包含的内容。

2.3 怎样建立文件

建立文件有两种情况。

1. 从无到有地建立新的源程序文件

上面已经建立了 project_1 项目,但项目是空的,其中并无源程序文件。现在需要在此项目中建立新的文件,方法如下:在图 2.6 所示的窗口中,右击 project_1 下面的"源文件"(Source Files),在弹出的快捷菜单中选择"添加→新建项",见图 2.7,表示要建立一个新的源程序文件。

图 2.7

此时弹出"添加新项"对话框,见图 2.8。在对话框左侧选择 Visual C++ ,在对话框中部选择 C++ 文件(C++ Files),表示要添加的是 C++ 文件(包括 C 程序文件),并在对话框下部的"名称"文本框中输入指定的文件名(如 test.c[①]),系统自动在"位置"文本框中显示出此文件的路径 D:\C++ \project_1\project_1\,表示将 test.c 文件放在 D 盘子目录 C++ 中的"解决方案 project_1"下的"project_1 项目"中。

单击"添加"按钮,表示要把 test.c 文件添加到 project_1 项目中。此时屏幕上出现编辑窗口,要求用户输入源程序。输入一个 C 程序(也可以用复制的方法输入一个程序),见图 2.9。

把已输入和编辑好的文件保存起来,以备以后重新调出来修改或编译。保存的方法是:选

---

① 文件名 test.c,扩展名.c 表示要建立的是一个 C 程序文件,如果输入文件名时不带扩展名(如 test),系统默认它是 C++ 文件,自动加扩展名.cpp。在 Visual Studio 2010 中,允许 C 源程序以扩展名.c 的 C 文件进行编译,也允许以扩展名 .cpp 的 C++ 文件形式进行编译,最后得到的运行结果是相同的。读者可自行选择。

图　2.8

择"文件→保存",将程序保存在刚才建立的 test.c 文件中,见图 2.10。也可以用"另存为"保存在其他路径的文件中。

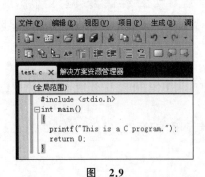

图　2.9

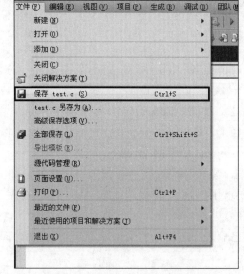

图　2.10

2. 保存文件

如果用户已经编写好了所需的 C 程序并存放在某目录下(如已经以文件名 test2.c 存放在 U 盘上),现在希望把它调入指定的项目中。此时不是建立新文件,而是想从某存储设备中读入一个已有的 C 程序(扩展名为.c)或 C++ 程序(扩展名为.cpp)的文件到项目中,可以在图 2.7 所示的窗口中选择"添加→现有项",见图 2.11。

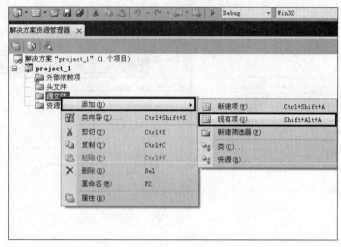

图　2.11

单击"现有项",弹出"添加现有项"对话框,见图 2.12。用户在"查找范围"列表框中找到文件 test2.c 所在的路径(今设所指定的文件在 U 盘中),然后单击所需要的文件 test2(它是扩展名为.c 的 C 文件)。此时,在对话框下部的"对象名称"文本框中自动显示文件名 test2。

图　2.12

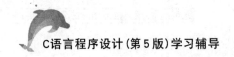
单击"添加"按钮,文件 test2.c 即被读入(保持其原有文件名),添加到当前项目(如 project_1)中,成为该项目中的一个源程序文件。此时,出现图 2.13 所示的"解决方案资源管理器"窗口,可以看到在"源文件"中已包含了 test2.c 文件。

说明:如果原来在 U 盘中的文件是一个 C 源程序文件(扩展名为.c),则调入项目后的文件仍是扩展名为.c 的 C 文件(见图 2.13);如果原来在 U 盘中的是 C++ 文件(扩展名为.cpp),则调入项目后仍是扩展名为.cpp 的 C++ 文件。

双击文件名(test2.c),会出现 test2.c 的编辑窗口,显示该文件内容,见图 2.14。

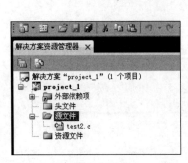

图 2.13

图 2.14

test2.c 是一个求解"鸡兔同笼"问题的 C 程序。可以对此程序进行编辑修改,然后编译和运行。

2.4 怎样进行编译

在主菜单中选择"生成→生成解决方案",可以对一个编辑好并检查无误后的程序进行编译,见图 2.15。

此时,系统对源程序和与其相关的资源(如头文件、函数库等)进行编译和连接,并显示编译的信息,见图 2.16。

图 2.16 下方是"生成信息"窗口,显示生成(编译和连接)过程中处理的情况,其中最后一行显示"生成成功",表示已经生成了一个可供执行的解决方案(扩展名为.exe),可以运行了。如果编译和连接过程中出现错误,则会显示出错的信息。用户检查并改正错误后重新编译,直到生成成功为止。

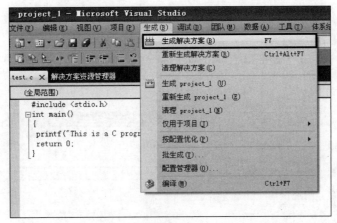

图   2.15

图   2.16

2.5 怎样运行程序

选择"调试→开始执行(不调试)"即可运行程序,见图 2.17。

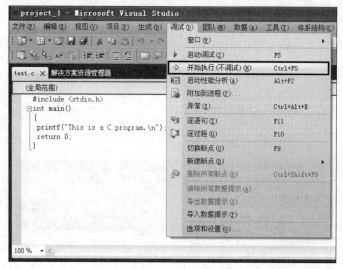

图 2.17

程序开始运行,并得到运行结果,见图 2.18。

说明:如果选择"调试→启动调试",程序运行时输出结果会一闪而过,让人看不清结果,可以在源程序最后一行"return 0;"之前加一个输入语句"getchar();"即可消除此现象。

图 2.18

2.6 怎样打开项目中已有的文件

假如已经在项目中编辑并保存过一个 C 源程序,现在希望打开该项目中的源程序,并对其进行修改和运行。需要注意的是,不能采用打开一般文件的方法(直接在该文件所在的子目录中双击文件名),这样做可以调出该源程序,也可以进行编辑修改,但是不能进行编译和运行。正确的做法是先打开解决方案和项目,然后再打开项目中的文件,这时才可以编辑、编译和运行。

在主窗口中,选择"文件→打开→项目/解决方案",见图 2.19。

这时会弹出"打开项目"对话框,见图 2.20。在"查找范围"列表框中根据已知路径先找

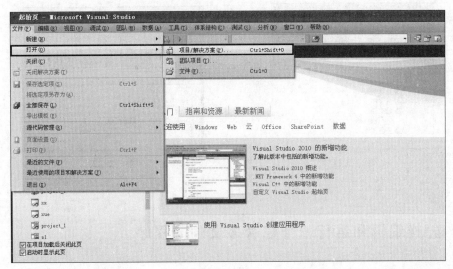

图 2.19

到子目录 project_1(解决方案),再找到子目录 project_1(项目),然后选择其中的解决方案
文件 project_1(扩展名为.sln),单击"打开"按钮。

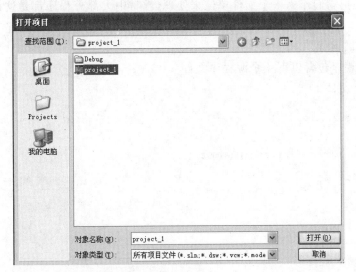

图 2.20

屏幕会出现"解决方案资源管理器"窗口,见图 2.21。可以看到,在"源文件"下面有文件
名 test.c。双击此文件名,出现 test.c 的编辑窗口,显示源程序,见图 2.22,可以对它进行修
改或编译(生成)。

图 2.21

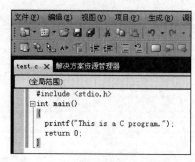

图 2.22

 2.7 怎样编辑和运行一个包含多文件的程序

前面运行的程序都是只包含一个文件单位,比较简单。如果一个程序包含若干文件单位,怎样进行呢?

假设有一个程序,它包含一个主函数和3个被主函数调用的函数。对于该程序,有两种处理方法:一是把它们作为一个文件单位来处理,教材中大部分程序都是这样处理的,比较简单;二是把这4个函数分别作为4个源程序文件,然后一起进行编译和连接,生成一个可执行的文件,可供运行。

例如,一个程序包含以下4个源程序文件。

(1) file1.c(文件1)

```c
#include <stdio.h>
  int main()
  {extern void enter_string(char str[]);
  extern void delete_string(char str[],char ch);
  extern void print_string(char str[]);
  char c;
  char str[80];
  enter_string(str);
  scanf("%c",&c);
  delete_string(str,c);
  print_string(str);
  return 0;
}
```

(2) file2.c (文件2)

```c
#include <stdio.h>
```

```
void enter_string(char str[80])
{
    gets(str);
}
```

(3) file3.c（文件 3）

```
#include <stdio.h>
void delete_string(char str[],char ch)
{int i,j;
    for(i=j=0;str[i]!='\0';i++)
      if(str[i]!=ch)
        str[j++]=str[i];
    str[j]='\0';
}
```

(4) file4.c(文件 4)

```
#include <stdio.h>
void print_string(char str[])
{
    printf("%s\n",str);
}
```

　　此程序的作用是：输入一个字符串（包括若干字符），然后再输入一个字符，程序就从字符串中将后输入的字符删去。例如，先输入字符串"This is a C program."，再输入字符C，就会从字符串中删去字符C，成为"This is a program."。

　　操作过程如下：

　　(1) 按照 2.2 节介绍的方法，建立一个新项目（项目名今指定为 project_2）。

　　(2) 按照 2.3 节介绍的方法，向项目 project_2 中添加新文件 file1.c，在编辑窗口中输入上面的文件 1 中的程序，并把它保存在 file1.c 中。同样，再先后添加新文件 file2.c、file3.c、file4.c，输入上面的文件 2、文件 3 和文件 4 中的程序，并把它们分别保存在 file2.c、file3.c 和file4.c 中。

　　(3) 也可以用 2.3 节中第 2 部分介绍的方法，调入已编写好并存放在 U 盘（或其他目录）中的 C 程序 file1.c、file2.c、file3.c 和 file4.c。现在采用的就是这种方法，向项目 project_2调入这 4 个 C 程序。

　　(4) 此时在"解决方案资源管理器"中显示在项目 project_2 中包含这 4 个文件，见图 2.23。

　　(5) 在主菜单中选择"生成→生成解决方案"，对此项目进行编译与连接，生成可执行文件，见图 2.24，在"生成"信息窗口中最后一行可以看到"生成成功"。

　　(6) 在主菜单中选择"调试→开始执行（不调试）"，运行程序，结果如图 2.25 所示。

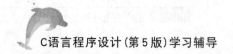
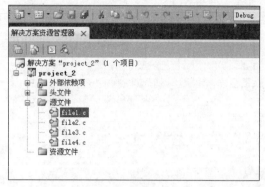

图 2.23

图 2.24

图 2.25

 2.8 关于用 Visual Studio 2010 编写和运行 C 程序的说明

在"C 程序设计"课程中,接触到的大多是简单的程序,用 Visual C++ 6.0 是比较简单方便的,可以直接在 Visual C++ 6.0 的集成环境中编辑、编译和运行一个 C 程序。

Visual Studio 2010 功能丰富强大,对于处理复杂大型的任务是得心应手的。但是如果用它来处理简单的小程序,如同杀鸡用牛刀,如同把火车轮子装在自行车上,反而觉得行动不便。例如,每运行一个 C 习题程序,都要分别为它建立一个解决方案和一个项目,运行 10 个程序往是要建立 10 解决方案和 10 个项目,显得有些麻烦。但是用熟了也就习惯了,在技术上不会有太大的困难。

其实,在运行大程序时,反而不需要建立这么多个解决方案,而往往只需要有一个解决方案就够了。在一个解决方案中包括多个项目,在一个项目中又包括若干文件,构成一个复杂的体系。Visual Studio 2010 提供的功能对处理大型任务是很有效的。

大学生学习"C 程序设计"课程,主要是学习怎样利用 C 语言进行程序设计,不要把学习重点放在某一种编译环境上。为了上机运行程序,当然需要有编译系统(或集成环境),但它只是一种手段。从教学的角度说,用哪一种编译系统或集成环境都是可以的。建议读者在开始时对 Visual Studio 2010 不必深究,不必了解其全部功能和各种菜单的用法,只要掌握本章介绍的基本方法,能运行 C 程序即可,可以在使用过程中再逐步扩展和深入。

如果将来成为专业的 C/C++ 程序开发人员,并且采用 Visual Studio 2010 作为开发工具时,就需要深入研究并利用 Visual Studio 2010 提供的强大丰富功能和丰富资源,以提高工作效率与质量。

第二部分

上机实验

第 ③ 章

上机实验的指导思想和要求

 3.1 **上机实验的目的**

学习 C 语言程序设计课程不能满足于"懂得了"和能看懂书上的程序,而应当熟练地掌握程序设计的全过程,即独立编写出源程序、独立上机调试程序、独立运行程序和分析结果。

程序设计是一门实践性很强的课程,必须十分重视实践环节。必须保证有足够的上机实验时间,学习本课程应该至少有 20 小时的上机时间,最好能做到与授课时间之比为 1∶1。除了教师指定的上机实验以外,应当提倡学生自己课余抽时间多上机实践。

上机实验的目的绝不仅是为了验证教材和讲课的内容,或者验证自己所编的程序正确与否。学习程序设计,上机实验的目的是:

(1)加深对讲授内容的理解,包括算法和语法。了解怎样利用计算机程序去处理面临的问题,尤其是语法规则,光靠课堂讲授,既枯燥无味又难以记住,但它们都很重要。通过多次上机,就能自然地、熟练地掌握。通过上机来掌握语法规则是行之有效的好方法。

(2)了解和熟悉 C 语言程序开发的环境。一个程序必须在一定的外部环境下才能运行。所谓"环境",就是指所用的计算机系统的硬件和软件条件。使用者应该了解,为了运行一个 C 程序需要哪些必要的外部条件(例如硬件配置、软件配置),可以利用哪些系统的功能来帮助自己开发程序。每种计算机系统的功能和操作方法不完全相同,但只要熟练掌握一两种计算机系统的使用,再遇到其他系统时便会触类旁通,很快就能学会。

(3)学会上机调试程序。也就是善于发现程序中的错误,并且能很快地排除这些错误,使程序能正确运行。经验丰富的人在编译和连接过程中出现"出错信息"时,一般能很快地判断出错误所在,并改正之。而缺乏经验的人即使在明确的"出错提示"下也往往找不出错误而求救于别人。

要真正掌握计算机应用技术,就不仅应当了解和熟悉有关的理论和方法,还要求自己动手实现。对程序设计来说,要求会编程序并上机调试,使程序能正常运行,并且会分析运行结果,判断结果是否正确。

调试程序本身是程序设计课程的一个重要的内容和基本要求,应给予充分的重视。调试程序固然可以借鉴他人的现成经验，但更重要的是通过自己的直接实践来积累经验，而且有些经验是只能"意会"，难以"言传"。别人的经验不能代替自己的经验。调试程序的能力是每个程序设计人员应当掌握的一项基本功。

因此，在上机实验时，千万不要在程序通过后就认为万事大吉了。即使运行结果正确，也不等于程序质量高和很完善。在得到正确的结果以后，还应当考虑是否可以对程序做一些改进。

在程序调试通过以后，可以进一步进行思考，对程序做一些改动（例如修改一些参数、增加程序的一些功能、改变输入数据的方法等），再进行编译、连接和运行。甚至于"自设障碍"，即把正确的程序改为有错的（例如用 scanf 函数输入变量时，漏写"&"符号、使数组下标出界、使整数溢出等），观察和分析所出现的情况。这样的学习才会有真正的收获，是灵活主动的学习而不是呆板被动的学习。

3.2　上机实验前的准备工作

在上机实验前应事先做好准备工作，以提高上机实验的效率。准备工作至少应包括：

（1）了解所用的计算机系统（包括 C 编译系统）的性能和使用方法。

（2）复习和掌握与本实验有关的教学内容。

（3）准备好上机所需的程序。手编程序应书写整齐，并经人工检查无误后才能上机，以提高上机效率。初学者切忌不编程序或抄别人的程序去上机，应从一开始就养成严谨的科学作风。

（4）对运行中可能出现的问题事先作出估计，对程序中自己有疑问的地方，应作出记号，以便在上机时给予注意。

（5）准备好调试和运行时所需的数据。

3.3　上机实验的步骤

上机实验时应该一人一组，独立上机。上机过程中出现的问题，除了是系统的问题以外，一般应自己独立处理，不要动辄问教师，尤其对"出错信息"应善于自己分析判断。这是学习调试程序的良好机会。

上机实验一般应包括以下步骤。

（1）进入 C 工作环境（例如 Turbo C++ 3.0、Visual C++ 6.0 或 Visual Studio 2010 集成环境）。

（2）输入自己编好的程序。

（3）检查已输入的程序是否有错（包括输入时打错的和编程中的错误），如发现有错，及时改正。

（4）进行编译和连接。如果在编译和连接过程中发现错误，屏幕上会出现"报错信息"，根据提示找到出错位置和原因，加以改正。再进行编译，如此反复，直到顺利通过编译和连接为止。

（5）运行程序并分析运行结果是否合理和正确。在运行时要注意当输入不同数据时所得到的结果是否正确（例如，解 $ax^2+bx+c=0$ 方程时，不同的 a、b、c 组合所得到对应的不同结果）。此时应运行几次，分别检查在不同情况下程序是否正确。

（6）输出程序清单和运行结果。

3.4　实验报告

实验后，应整理出实验报告，实验报告应包括以下内容：

（1）题目。

（2）程序清单（计算机打印出的程序清单）。

（3）运行结果（必须是上面程序清单所对应打印输出的结果）。

（4）对运行情况所做的分析以及本次调试程序所取得的经验。如果程序未能通过，应分析其原因。

第 4 章

实验安排

　　课后习题和上机题统一,教师指定的课后习题就是上机题(可以根据习题的多少和上机时间的长短,指定习题的全部或一部分作为上机题)。本书给出 12 个实验内容供教学选用,教材中一章的内容对应一至两次实验。每次实验包括 4 个题目,每次上机时间为两小时。在组织上机实验时可以根据条件做必要的调整,增加或减少某些部分。在实验内容中有"＊"的部分是选做的题目,如有时间可以选做这部分。

　　学生应在实验前将教师指定的题目编好程序,然后上机输入和调试。

 ## 4.1　实验 1　C 程序的运行环境和运行 C 程序的方法

1. 实验目的

(1) 了解所用的计算机系统的基本操作方法,学会独立使用该系统。

(2) 了解在该系统上如何编辑、编译、连接和运行一个 C 程序。

(3) 通过运行简单的 C 程序,初步了解 C 源程序的特点。

2. 实验内容和步骤

(1) 检查所用的计算机系统是否已安装了 C 编译系统并确定它所在的子目录。

(2) 进入所用的集成环境。

(3) 熟悉集成环境的界面和有关菜单的使用方法。

(4) 输入并运行一个简单的、正确的程序。

① 输入下面的程序。

```c
#include <stdio.h>
int main()
{
    printf("This is a C program.\n");
    return 0;
```

```
}
```

② 仔细观察屏幕上已输入的程序,检查有无错误。

③ 根据本书第三部分介绍的方法对源程序进行编译,观察屏幕上显示的编译信息。如果出现"出错信息"的提示,则应找出原因并改正。然后再进行编译,如果无错,则进行连接。

④ 如果编译连接无错误,运行程序,观察分析运行结果。

(5) 输入并编辑一个有错误的 C 程序。

① 输入以下程序(教材第 1 章中例 1.2,在输入时故意漏打或打错几个字符)。

```
#include <stdio.h>
int main()
 {int a,b,sum
  a=123; b=456;
  sum=a+b
  print("sum is %d\n",sum);
  return 0;
 }
```

② 进行编译,仔细分析编译信息窗口,可能显示有多个错误,逐一修改,直到不出现错误。最后请与教材上的程序对照。

③ 运行程序,分析运行结果。

(6) 输入并运行一个需要在运行时输入数据的程序。

① 输入下面的程序。

```
#include <stdio.h>
int main()
  { int max(int x,int y);
   int a,b,c;
   printf("input a & b: ");
   scanf("%d,%d",&a,&b);
   c=max(a,b);
   printf("max=%d\\n",c);
   return 0;
  }

int max(int x,int y)
  {int z;
   if(x>y) z=x;
   else z=y;
   return (z);
  }
```

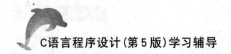

② 编译并运行,在运行时从键盘输入整数 2 和 5,然后按回车键,观察运行结果。

③ 将程序中的第 4 行改为

int a;b;c;

再进行编译,观察其结果。

④ 将 max 函数中的第 3、第 4 两行合并写为一行,即

if(x>y) z=x; else z=y;

进行编译和运行,分析结果。

(7) 运行一个自己编写的程序。题目是教材第 1 章的习题 1.2,即输入 *a*、*b*、*c* 三个值,输出其中最大者。

① 输入自己编写的源程序。

② 检查程序有无错误(包括语法错误和逻辑错误),有则改之。

③ 编译和连接,仔细分析编译信息,如有错误应找出原因并改正。

④ 运行程序,输入数据,分析结果。

⑤ 自己修改程序(例如故意改成错的),分析其编译和运行情况。

⑥ 将调试好的程序保存在自己的用户目录中,文件名自定。

⑦ 将编辑窗口清空,再将该文件读入,检查编辑窗口中的内容是否是刚才存盘的程序。

⑧ 关闭所用的集成环境,用 Windows 中的"我的电脑"找到刚才使用的用户子目录,浏览其中文件,查看有无刚才保存的扩展名为.c 和.exe 的文件。

3. 预习内容

(1) 教材第 1 章。

(2) 本书第三部分中的有关部分(根据所用的 C 编译环境选择有关章节,如果用 Visual C++ 2010,则请事先阅读第 14 章)。

 4.2 实验 2 数据的存储与运算

1. 实验目的

(1) 掌握 C 语言数据类型,熟悉如何定义一个整型、字符型和实型的变量以及对它们赋值的方法。

(2) 掌握不同的类型数据之间赋值的规律。

(3) 学会使用 C 的有关算术运算符以及包含这些运算符的表达式。

(4) 学会编写简单的程序,初步掌握编程的思路。

(5) 学习怎样发现程序中的错误并改正,使之能正常运行。

（6）进一步熟悉 C 程序的编辑、编译、连接和运行的过程。

2. 实验内容和步骤

（1）输入并运行下面的程序：

```
#include <stdio.h>
int main()
 {char c1,c2;
  c1='a';
  c2='b';
  printf("%c  %c\n",c1,c2);
  return 0;
}
```

① 输入此程序，并检查有无错误。

② 编译并运行程序，分析结果。

③ 在上面 printf 语句的下面增加一个 printf 语句：

```
printf("%d  %d\n",c1,c2);
```

运行程序并分析结果。

④ 将第 4 行、第 5 行改为

```
c1=a;                //不用单撇号
c2=b;
```

编译程序，分析其编译结果。

⑤ 将第 4 行、第 5 行改为

```
c1="a";              //用双撇号
c2="b";
```

编译和运行程序，分析其运行结果。

⑥ 将第 3 行改为

```
short int c1,c2;     //使 c1,c2 为 2 字节的整型变量
```

运行程序并观察结果。

⑦ 将第 4 行、第 5 行改为

```
c1=97;
c2=98;
```

编译和运行程序，分析其运行结果。

⑧ 将第 4 行、第 5 行改为

```
c1=289;                    //用大于 255 的整数
c2=322;
```

在上机前先用人工分析程序,写出应得结果,并与上机运行结果进行对照。

(2) 输入以下程序:

```
#include <stdio.h>
int main()
 {int i,j,m,n;
  i=8;
  j=10;
  m=++i;
  n=j++;
  printf("%d,%d,%d,%d\n",i,j,m,n);
  return 0;
 }
```

① 编译和运行程序,注意 i、j、m、n 各变量的值。

② 将第 6 行、第 7 行改为

```
m=i++;
n=++j;
```

再编译和运行程序,分析结果。

③ 程序改为

```
#include <stdio.h>
int main()
 {int i,j;
  i=8;
  j=10;
  printf("%d,%d\\n",i++,j++);
  return 0;
 }
```

再编译和运行程序,分析结果。

④ 在③的基础上,将 printf 语句改为

```
printf("%d,%d\\n",++i,++j);
```

再编译和运行程序。

⑤ 将 printf 语句改为

```
printf("%d,%d,%d,%d\\n",i,j,i++,j++);
```

再编译和运行程序,分析结果。

⑥ 程序改为

```
#include <stdio.h>
int main()
 {int i,j,m=0,n=0;
  i=8;
  j=10;
  m+=i++; n-=--j;
  printf("i=%d,j=%d,m=%d,n=%d\n",i,j,m,n);
  return 0;
 }
```

再编译和运行程序,分析结果。

(3) 按习题 2.2 的要求编写程序。该题的要求是：

有 1000 元,想存 5 年,可按以下 5 种办法存：

① 一次存 5 年期;

② 先存 2 年期,到期后将本息再存 3 年期;

③ 先存 3 年期,到期后将本息再存 2 年期;

④ 存 1 年期,到期后将本息再存 1 年期,连续存 5 次;

⑤ 存活期存款,活期利息每季度结算一次。

分别给出了不同存期的利率,要求计算并比较不同存款方法的本息和。

- 输入事先已编好的程序,并运行该程序。
- 对程序进行编译,分析编译信息,决定是否要修改程序。
- 修改程序,使输出的结果只保留 2 位小数。
- 把利率改为用 scanf 函数输入。

(4) 按习题 2.3 的要求编写程序。该题的要求是：要将"China"译成密码,密码规律是用原来的字母后面第 4 个字母代替原来的字母。例如,字母"A"后面第 4 个字母是"E",用"E"代替"A"。因此,"China"应译为"Glmre"。请编写程序,用赋初值的方法使 c_1、c_2、c_3、c_4、c_5 这 5 个变量的值分别为 'C'、'h'、'i'、'n'、'a',经过运算,使 c_1、c_2、c_3、c_4、c_5 分别变为 'G'、'l'、'm'、'r'、'e',并输出。

① 输入事先已编好的程序,并运行该程序,分析是否符合要求。

② 改变 c_1、c_2、c_3、c_4、c_5 的初值为 'T'、'o'、'd'、'a'、'y',对译码规律做如下补充：'W'用'A'代替,'X'用'B'代替,'Y'用'C'代替,'Z'用'D'代替。修改程序并运行。

③ 将译码规律修改为：将一个字母被它前面第 4 个字母代替,例如 'E'用'A'代替,'Z'用'U'代替,'D'用'Z'代替,'C'用'Y'代替,'B'用'X'代替,'A'用'V'代替。修改程序并运行。

3. 预习内容

教材第 2 章。

4.3 实验 3 最简单的 C 程序设计——顺序程序设计

1. 实验目的

(1) 掌握 C 语言中使用最多的一种语句——赋值语句的使用方法。
(2) 掌握各种类型数据的输入输出的方法,能正确使用各种格式转换符。
(3) 进一步掌握编写程序和调试程序的方法。

2. 实验内容和步骤

(1) 用下面的 scanf 函数输入数据,使 a=3,b=7,x=8.5,y=71.82,c1='A',c2='a'。问在键盘上如何输入?(本题是教材第 3 章习题 3.4)

```c
#include <stdio.h>
int main()
{int a,b;
 float x,y;
 char c1,c2;
 scanf("a=%d b=%d",&a,&b);
 scanf("%f %e",&x,&y);
 scanf("%c %c",&c1,&c2);
 printf("a=%d,b=%d,x=%f,y=%f,c1=%c,c2=%c\n",a,b,x,y,c1,c2);
 return 0;
}
```

先后按以下方式输入数据,分析运行结果是否正确,如果不正确,说明为什么不正确。

① 3 7↙
   8.5 71.82 A a↙
② a=3 b=7↙
   8.5 71.82 A a↙   (在 8.5,71.82,A 后面各有一个空格)
③ 在输入 8.5 和 71.82 两个实数后输入回车符。
   a=3 b=7↙
   8.5 71.82↙
   A a↙
④ a=3 b=7↙

8.5 71.82A a↙   (在 82,后面没有空格)

⑤ a=3 b=7↙

8.5   71.82A   a↙   (在每个数据后有多个空格)

（2）设圆半径 $r=1.5$,圆柱高 $h=3$,求圆周长、圆面积、圆球表面积、圆球体积、圆柱体积。编写程序,用 scanf 输入数据,输出计算结果。输出时要有文字说明,取小数点后两位数字(本题是教材第 3 章习题 3.5)。

（3）编写程序。输入一个华氏温度,要求输出摄氏温度。公式为

$$c = \frac{5}{9}(F-32)$$

输出时要有文字说明,取 2 位小数(本题是教材第 3 章习题 3.6)。

（4）编写程序,用 getchar 函数读入两个字符给变量 c1、c2,然后分别用 putchar 函数和 scanf 函数输出这两个字符(本题是教材第 3 章习题 3.7)。

① 事先编写好程序,输入程序,并进行编译和连接。

② 运行程序,分别按以下方法输入数据,分析结果。

a b↙

a↙

b↙

ab↙

③ 比较用 printf 和 putchar 函数输出字符的特点。

④ 思考以下问题:

• 变量 c1、c2 应定义为字符型或整型? 还是二者皆可?

• 要求输出 c1 和 c2 值的 ASCII 码,应如何处理? 用 putchar 函数还是 printf 函数?

• 整型变量与字符变量是否在任何情况下都可以互相代替? 例如:

char c1,c2;

int c1,c2;

是否无条件等价?

3. 预习内容

教材第 3 章。

4.4 实验 4 选择结构程序设计

1. 实验目的

（1）了解 C 语言表示逻辑量的方法（用 0 代表"假",用非 0 代表"真"）。

(2) 学会正确使用逻辑运算符和逻辑表达式。

(3) 熟练掌握 if 语句的使用(包括 if 语句的嵌套)。

(4) 熟练掌握多分支选择语句——switch 语句。

(5) 结合程序掌握一些简单的算法。

(6) 进一步学习调试程序的方法。

2. 实验内容

(1) 编写一个程序,当给 x 输入任意的正数时,y 都输出 1;当给 x 输入任意的负数时,y 都输出 -1;当给 x 输入 0 时,y 输出 0。如果用数学形式表示,即

$$y = \begin{cases} -1 & (x < 0) \\ 0 & (x = 0) \\ 1 & (x > 0) \end{cases}$$

(本题是教材第 4 章习题 4.4)

请分别运行以下几个程序,分析其中哪个程序能实现题目要求。

① 程序 1:

```
#include <stdio.h>
int main()
 {int   x,y;
 printf("enter x: ");
 scanf("%d",&x);
 if(x<0)
   y=-1;
 else
   if(x==0) y=0;
     else y=1;
 printf("x=%d,y=%d\n",x,y);
 return 0;
 }
```

② 程序 2:将程序 1 中的 if 语句(第 6~10 行)改为下面程序的第 6~9 行。

```
#include <stdio.h>
 int main()
 {int   x,y;
 printf("enter x: ");
 scanf("%d",&x);
  if(x>=0)
     if(x>0)  y=1;
     else  y=0;
```

```
    else y=-1;
  printf("x=%d,y=%d\n",x,y);
  return 0;
 }
```

③ 程序 3：将程序 1 中的 if 语句(第 6～10 行)改为下面程序的第 6～9 行。

```
#include <stdio.h>
 int main()
 {int   x,y;
  printf("enter x: ");
  scanf("%d",&x);
   y=1;
    if(x!=0)
      if(x>0) y=1;
    else y=0;
  printf("x=%d,y=%d\n",x,y);
  return 0;
 }
```

④ 程序 4：将程序 1 中的 if 语句(第 6～10 行)改为下面程序的第 6～9 行。

```
#include <stdio.h>
int main()
{int   x,y;
  printf("enter x: ");
  scanf("%d",&x);
  y=0;
    if(x>=0)
      if(x>0)   y=1;
    else y=-1;
  printf("x=%d,y=%d\n",x,y);
  return 0;
}
```

(2) 给出一个百分制成绩,要求输出成绩等级 A、B、C、D、E。90 分及 90 分以上为 A,80～89 分为 B,70～79 分为 C,60～69 分为 D,60 分以下为 E(本题是教材第 4 章习题 4.6)。

① 事先编好程序,要求分别用 if 语句和 switch 语句来实现。运行程序,并检查结果是否正确。

② 再次运行程序,输入分数为负值(如−70),这显然是输入时出错,不应给出等级,修改程序,使之能正确处理任何数据。当输入数据大于 100 和小于 0 时,通知用户"输入数据错",程序结束。

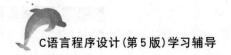

（3）给一个不多于 5 位的正整数,要求编程序以实现下面的要求:

① 求出它是几位数;

② 分别输出每一位数字;

③ 按逆序输出各位数字,例如原数为 321,应输出 123。

（本题是教材第 4 章习题 4.7）

① 编写程序并进行编译和连接。

② 准备以下测试数据:

要处理的数为 1 位正整数;

要处理的数为 2 位正整数;

要处理的数为 3 位正整数;

要处理的数为 4 位正整数;

要处理的数为 5 位正整数。

除此之外,程序还应当对不合法的输入做必要的处理,例如:

输入负数;

输入的数超过 5 位(如 123456)。

③ 在运行时先后输入以上整数,分析运行结果。如果结果不符合题目要求,则修改程序。

（4）求 $ax^2+bx+c=0$ 方程的解。要求考虑系统 a、b、c 不同情况下的结果(本题是教材第 4 章习题 4.9)。

3. 预习内容

教材第 4 章。

 4.5 实验 5 循环结构程序设计

1. 实验目的

（1）熟悉掌握用 while 语句、do-while 语句和 for 语句实现循环的方法。

（2）掌握在程序设计中用循环的方法实现一些常用算法(如穷举、迭代、递推等)。

（3）进一步学习调试程序。

2. 实验内容

编写程序并上机调试运行。

（1）输入一行字符,分别统计出其中的英文字母、空格、数字和其他字符的个数(本题是教材第 5 章习题 5.2)。

在得到正确结果后,请修改程序,使之能分别统计大小写字母、空格、数字和其他字符的个数。

(2) 输出所有的"水仙花数",所谓"水仙花数"是指一个 3 位数,其各位数字立方和等于该数本身。例如,153 是一水仙花数,因为 $153 = 1^3 + 5^3 + 3^3$(本题是教材第 5 章习题 5.3)。

(3) 猴子吃桃问题。猴子第一天摘下若干个桃子,当即吃了一半,还不过瘾,又多吃了一个。第二天早上又将剩下的桃子吃掉一半,又多吃了一个。以后每天早上都吃了前一天剩下的一半加一个。到第 10 天早上想再吃时,见只剩一个桃子了。求第一天共摘了多少桃子(本题是教材第 5 章习题 5.4)。

在得到正确结果后,修改题目,改为猴子每天吃了前一天剩下的一半后,再吃两个。请修改程序并运行,检查结果是否正确。

*(4) 两个乒乓球队进行比赛,各出 3 人。甲队为 A、B、C 3 人,乙队为 X、Y、Z 3 人,并抽签决定比赛名单。有人向队员打听比赛的名单,A 说他不和 X 比,C 说他不和 X、Z 比,请编程序找出 3 对选手的对阵名单(本题是教材第 5 章习题 5.7)。

3. 预习内容

教材第 5 章。

4.6　实验 6　利用数组处理批量数据

1. 实验目的

(1) 掌握一维数组和二维数组的定义、赋值和输入输出的方法。
(2) 掌握字符数组和字符串函数的使用。
(3) 掌握与数组有关的算法(特别是排序算法)。

2. 实验内容

编写程序并上机调试运行。

(1) 一个班 10 个学生的成绩,存放在一个一维数组中,要求找出其中成绩最高的学生成绩和该生的序号(本题是教材第 6 章习题 6.2)。

(2) 已知 5 个学生的 4 门课的成绩,要求求出每个学生的平均成绩,然后对平均成绩从高到低将各学生的成绩记录排序(成绩最高的学生排在数组最前面的行,成绩最低的学生排在数组最后面的行)(本题是教材第 6 章习题 6.4)。

(3) 有一篇文章,共有 3 行文字,每行有 80 个字符。要求分别统计出其中英文大写字母、小写字母、数字、空格以及其他字符的个数(本题是教材第 6 章习题 6.8)。

(4) 有一行电文,已按下面规律译成密码:

A→Z a→z
B→Y b→y
C→X c→x
⋮ ⋮

即第1个字母变成第26个字母,第2个字母变成第25个字母,第i个字母变成第(26−i+1)个字母。非字母字符不变。假如已知道密码是 Umtorhs,要求编程序将密码译回原文,并输出密码和原文(本题是教材第6章习题6.9)。

3. 预习内容

教材第6章。

4.7 实验7 用函数实现模块化程序设计(一)

1. 实验目的

(1) 掌握定义函数的方法。
(2) 掌握声明函数的方法。
(3) 掌握函数实参与形参的对应关系,以及"值传递"的方式。
(4) 学习对多文件的程序的编译和运行。

2. 实验内容

编写程序并上机调试运行。

(1) 写一个判别素数的函数,在主函数输入一个整数,程序输出该数是否素数的信息(本题是教材第7章习题7.2)。

本程序应当准备以下测试数据:17、34、2、1、0。分别运行并检查结果是否正确。

要求所编写的程序,主函数的位置在其他函数之前,在主函数中对其所调用的函数作声明。

① 输入程序,编译和运行程序,分析结果。
② 将主函数的函数声明删去,再进行编译,分析编译结果。
③ 把主函数的位置改为在其他函数之后,在主函数中不含函数声明。
④ 保留判别素数的函数,修改主函数,要求实现输出100~200的素数。

(2) 写一个函数,将一个字符串中的元音字母复制到另一字符串,然后输出(本题是教材第7章习题7.6)。

① 输入程序,编译和运行程序,分析结果。
② 分析函数声明中参数的写法。先后用以下两种形式:

• 函数声明中参数的写法与定义函数时的形式完全相同。例如：

```
void cpy(char s[],char c[]);
```

• 函数声明中参数的写法与定义函数时的形式完全相同,省'与数组名。例如：

```
void cpy(char s[ ],char [ ]);
```

分别编译和运行,分析结果。

③ 思考形参数组为什么可以不指定数组大小,例如：

```
void cpy(char s[80],char [80])
```

如果随便指定数组大小行不行,例如：

```
void cpy(char s[40],char [40])
```

请分别上机试一下。

(3) 输入 10 个学生 5 门课的成绩,分别用函数实现下列功能：

① 计算每个学生平均分；

② 计算每门课的平均分；

③ 找出所有 50 个分数中最高的分数所对应的学生和课程。

(本题是教材第 7 章习题 7.11)。

(4) 写一个函数,输入一行字符,然后将此字符串中最长的单词输出。此行字符串从主函数传递给该函数(本题是教材第 7 章习题 7.9)。

① 把两个函数放在同一个程序文件中,作为一个文件进行编译和运行。

② 把两个函数分别放在两个程序文件中,作为两个文件进行编译、连接和运行。

3. 预习内容

(1) 教材第 7 章。

(2) 本书第三部分中介绍的对多文件程序进行编译和连接的方法。

实验8 用函数实现模块化程序设计(二)

1. 实验目的

(1) 掌握函数的嵌套调用和递归调用的方法。

(2) 掌握全局变量和局部变量的概念和用法。

2. 实验内容

(1) 用递归法将一个整数 n 转换成字符串。例如,输入整数 2008,应输出字符串

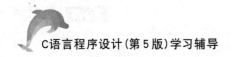

"2008"。n的位数不确定,可以是任意的整数(本题是教材第7章习题7.14)。

① 输入程序,进行编译和运行,分析结果。

② 分析递归调用的形式和特点。

③ 思考如果不用递归法,能否改用其他方法解决此问题,上机试一下。

(2) 输入4个整数a、b、c、d,找出其中最大的数。用函数的递归调用来处理(本题是教材第7章习题7.13)。

① 输入程序,进行编译和运行,分析结果。

② 分析嵌套调用和递归调用函数在形式上和概念上的区别。在本例中既有嵌套调用也有递归调用,哪个属于嵌套调用? 哪个属于递归调用?

③ 改用非递归方法处理此问题,编程并上机运行。对比分析两种方法的特点。

(3) 编写一个函数,由实参传来一个字符串,统计此字符串中字母、数字、空格和其他字符的个数,在主函数中输入字符串以及输出上述的结果(本题是教材第7章习题7.8)。

① 在程序中用全局变量。编译和运行程序,分析结果。讨论为什么要用全局变量。

② 能否不用全局变量,修改程序并运行。

(4) 求两个整数的最大公约数和最小公倍数,用一个函数求最大公约数,用另一函数根据求出的最大公约数求最小公倍数(本题是教材第7章习题7.1)。

① 不用全局变量,分别用两个函数求最大公约数和最小公倍数。两个整数在主函数中输入,并传送给函数f1,求出的最大公约数返回主函数,然后再与两个整数一起作为实参传递给函数f2,以求出最小公倍数,返回到主函数输出最大公约数和最小公倍数。

② 用全局变量的方法,分别用两个函数求最大公约数和最小公倍数,但其值不由函数带回。将最大公约数和最小公倍数都设为全局变量,在主函数中输出它们的值。

分别用以上两种方法编程并运行,分析对比。

3. 预习内容

教材第7章。

4.9 实验9 善于使用指针(一)

1. 实验目的

(1) 掌握指针和间接访问的概念,会定义和使用指针变量。

(2) 能正确使用数组的指针和指向数组的指针变量。

(3) 能正确使用字符串的指针和指向字符串的指针变量。

2. 实验内容

编写程序并上机调试运行以下程序(都要求用指针处理)。

(1) 输入 3 个整数,按由小到大的顺序输出,然后将程序改为:输入 3 个字符串,按由小到大顺序输出(本题是教材第 8 章习题 8.1 和习题 8.2)。

① 先编写一个程序,以处理输入 3 个整数,按由小到大的顺序输出。运行此程序,分析结果。

② 把程序改为能处理输入 3 个字符串,按由小到大的顺序输出。运行此程序,分析结果。

③ 比较以上两个程序,分析处理整数与处理字符串有什么不同? 例如:

(a) 怎样得到指向整数(或字符串)的指针。

(b) 怎样比较两个整数(或字符串)的大小。

(c) 怎样交换两个整数(或字符串)。

(2) 写一函数,求一个字符串的长度。在 main 函数中输入字符串,并输出其长度(本题是教材第 8 章习题 8.6)。

分别在程序中按以下两种情况处理:

① 函数形参用指针变量。

② 函数形参用数组名。

进行分析比较,掌握其规律。

(3) 将 n 个数按输入时顺序的逆序排列,用函数实现(本题是教材第 8 章习题 8.10)。

① 在调用函数时用数组名作为函数实参。

② 函数实参改为用指向数组首元素的指针,形参不变。

分析以上二者的异同。

(4) 将一个 3×3 的整型二维数组转置,利用函数实现(本题是教材第 8 章习题 8.13)。

在主函数中用 scanf 函数输入以下数组元素:

```
 1   3    5
 7   9   11
13  15   19
```

将数组第 1 行第 1 列元素的地址作为函数实参,在执行函数的过程中实现行列互换,函数调用结束后在主函数中输出已转置的二维数组。

请思考:

① 指向二维数组的指针,指向某一行的指针、指向某一元素的指针各应该怎样表示。

② 怎样表示 i 行 j 列元素及其地址。

3. 预习内容

教材第 8 章。

4.10 实验 10 善于使用指针(二)

1. 实验目的

(1) 进一步掌握指针的应用。

(2) 能正确使用数组的指针和指向数组的指针变量。

(3) 能正确使用字符串的指针和指向字符串的指针变量。

(4) 了解指向指针的指针的用法。

2. 实验内容

根据题目要求,编写程序(要求用指针处理),运行程序,分析结果,并进行必要的讨论分析。

(1) 有 n 个人围成一圈,顺序排号。从第 1 个人开始报数(从 1 到 3 报数),凡报到 3 的人退出圈子,问最后留下的是原来第几号的人(本题是教材第 8 章习题 8.5)。

(2) 有一字符串 a,内容为"My name is Li jilin",另有一字符串 b,内容为"Mr. Zhang Haoling is very happy."。编写函数,将字符串 b 中从第 5 个到第 17 个字符(即"Zhang Haoling")复制到字符串 a 中,取代字符串 a 中第 12 个字符以后的字符(即"Li jilin")。输出新的字符串 a(本题是教材第 8 章习题 8.7)。

(3) 在主函数中输入 10 个等长的字符串,用另一函数对它们排序;然后在主函数输出这 10 个已排好序的字符串(本题是教材第 8 章习题 8.9)。

(4) 输入一个字符串,内有数字和非数字字符,例如:

```
a123x456  17960?  302tab5876
```

将其中连续的数字作为一个整数,依次存放到一数组 a 中。例如,123 放在 a[0],456 放在 a[1]……统计共有多少个整数,并输出这些数(本题是教材第 8 章习题 8.12)。

3. 预习内容

教材第 8 章。

4.11 实验 11 用结构体类型处理组合数据

1. 实验目的

(1) 掌握结构体类型变量的定义和使用。

(2) 掌握结构体类型数组的概念和应用。

（3）了解链表的概念和操作方法。

2. 实验内容

编写程序并上机调试运行。

（1）编写一个函数 print，打印一个学生的成绩数组，该数组中有 5 个学生的数据记录，每个记录包括 num、name、score[3]，用主函数输入这些记录，用 print 函数输出这些记录（本题是教材第 9 章习题 9.3）。

（2）有 10 个学生，每个学生的数据包括学号、姓名、3 门课程的成绩，从键盘输入 10 个学生数据，要求输出 3 门课程总平均成绩，以及最高分的学生的数据（包括学号、姓名、3 门课程的成绩、平均分数）（本题是教材第 9 章习题 9.5）。

要求用一个 input 函数输入 10 个学生数据，用一个 average 函数求总平均分，用 max 函数找出最高分学生数据，总平均分和最高分的学生的数据都在主函数中输出。

（3）13 个人围成一圈，从第 1 个人开始顺序报号 1、2、3。凡报到"3"者退出圈子，找出最后留在圈子中的人原来的序号。本题要求用链表实现（本题是教材第 9 章习题 9.6）。

*（4）建立由 3 个学生数据结点构成的单向动态链表，向每个结点输入学生的数据（每个学生的数据包括学号、姓名、成绩）。然后逐个输出各结点中的数据（本题是教材第 9 章习题 9.7）。

3. 预习内容

教材第 9 章。

4.12　实验 12　文件操作

1. 实验目的

（1）掌握文件以及缓冲文件系统、文件指针的概念。
（2）学会使用文件打开、关闭、读、写等文件操作函数。
（3）学会对文件进行简单的操作。

2. 实验内容

编写程序并上机调试运行。

（1）有 5 个学生，每个学生有 3 门课程的成绩，从键盘输入以上数据（包括学号、姓名、3 门课程成绩），计算出平均成绩，将原有数据和计算出的平均分数存放在磁盘文件 stud 中（本题是教材第 10 章习题 10.6）。

设 5 名学生的学号、姓名和 3 门课程成绩如下：

```
99101    Wang    89,98,67.5
99103    Li      60,80,90
99106    Fun     75.5,91.5,99
99110    Ling    100,50,62.5
99113    Yuan    58,68,71
```

在向文件 stud 写入数据后,应检查验证 stud 文件中的内容是否正确。

(2) 将(1)题 stud 文件中的学生数据按平均分进行排序处理,将已排序的学生数据存入一个新文件 stu_sort 中(本题是教材第 10 章习题 10.7)。

在向文件 stu_sort 写入数据后,应检查验证 stu_sort 文件中的内容是否正确。

(3) 将(2)题已排序的学生成绩文件进行插入处理。插入一个学生的 3 门课程成绩,程序先计算新插入学生的平均成绩,然后将它按成绩高低顺序插入,插入后建立一个新文件(本题是教材第 10 章习题 10.8)。

要插入的学生数据为

```
99108    Xin     90,95,60
```

在向新文件 stu_new 写入数据后,应检查验证 stu_new 文件中的内容是否正确。

*(4) (3)题的结果仍存入原有的 stu_sort 文件,而不另建立新文件(本题是教材第 10 章习题 10.9)。

3. 预习内容

教材第 10 章。

第三部分

C 语言常见错误分析和程序调试

第 ⑤ 章

常见错误分析

C 语言的功能强,方便灵活,所以得到广泛应用,它使程序设计人员有发挥聪明才智、显示编程技巧的机会。一个有经验的 C 程序设计人员可以编写出能解决复杂问题、可靠性好、运行效率高、通用性强、容易维护的高质量程序。

C 程序是由函数构成的,利用标准库函数和自己设计的函数可以完成许多功能。善于利用函数,可以实现程序的模块化,将许多函数组织成一个大的程序。正因如此,C 语言受到越来越广泛的重视,从初学者到高级软件人员,都在学习 C 语言、使用 C 语言。

但是要真正学好 C 语言、用好 C 语言,并不容易,"灵活"固然是好事,但也使人难以掌握,尤其是初学者往往出了错还不知怎么回事。C 编译程序对语法的检查不如其他高级语言那样严格(这是为了给程序人员留下"灵活"的余地)。因此,往往要由程序设计者自己设法保证程序的正确性,需要不断积累经验,提高程序设计和调试程序的水平。

笔者根据多年来从事 C 程序设计教学的经验,将初学者在学习和使用 C 语言时容易犯的错误总结归纳如下,以帮助读者尽量避免重犯这些错误。这些内容其实在教材的各章中大多都曾提到过,为便于编程和调试程序时查阅,在这里集中列举,供初学者参考。

(1) 忘记定义变量。

例如:

```c
int main()
{
  x=3
  y=6;
  printf("%d\n",x+y);
  return 0;
}
```

C 语言要求对程序中用到的每一个变量都必须先定义,在程序编译时对已定义的变量进行存储空间的分配。上面程序中没有对 x、y 进行定义。应在函数体的开头加写:

```c
int  x,y;
```

C 语言要求对用到的每一个变量进行强制定义(在本函数中定义或定义为外部变量)。

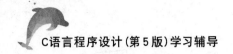

（2）输入输出的数据类型与所用格式说明符不一致。

例如,若 a 已定义为 int 型,b 已定义为 float 型:

```
int a=3;
float b=4.5;
printf("%f%d\n",a,b);
```

编译时不给出出错信息,但运行结果将与原意不符,在 Visual C++ 6.0 环境中运行的结果为

```
0.000000 1074921472
```

在 Turbo C 2.0 环境中运行的结果为

```
0.000000  16402
```

它们并不是按照赋值的规则进行转换(如把实数 4.5 转换成整数 4),而是将数据在存储单元中的形式按格式符的要求组织输出(如 b 在内存中占 4 字节,按浮点数方式存储,今将其在内存中的二进制存储形式按整数格式组织输出。用 Turbo C 时,由于整数只占 2 字节,所以只把变量 b 在内存中最后 2 字节中的二进制数按%d 要求作为整数输出)。

这种情况下的输出结果往往是不可预测的。在调试程序时,如遇到输出的结果是莫名其妙的,应首先考虑是否输出格式符有问题。

（3）未注意整型数据的数值范围。Turbo C 等编译系统,对一个整型数据分配 2 字节。因此一个整数的范围为 $-2^{15} \sim 2^{15}-1$,即 $-32\,768 \sim 32\,767$。常见这样的程序段:

```
int num;
num=89101;
printf("%d",num);
```

在 Turbo C 中得到的却是 23 565,原因是 89 101 已超过 32 767。2 字节容纳不下 89 101,则将高位截去,见图 5.1,即将超过低 16 位的数截去,也即将 89 101 减去 2^{16}(即 16 位二进制所形成的模):89 101－65 536＝23 565。

89 101:	00 00 00	00 00 01	01 01 11 00	00 00 11 01
23 565:			01 01 11 00	00 00 11 01

图　5.1

如果用 Visual C++ 6.0,把 num 定义成 short 类型(占 2 字节)时,也会出现以上情况。

有时明明是个正数,却输出一个负数。例如:

```
num=196607;
```

输出得－1。因为 196 607 的二进制形式为

0000000000000010	1111111111111111

去掉高字节的 16 位(即舍弃了 10),低 16 位的值是−1(−1 的补码是 1111111111111111)。

对于超过整数范围的数,要用 long 型,即在用 Turbo C 时要改为

```
long int num;
num=89101;
printf("%ld",num);
```

请注意:如果只定义 num 为 long 型,而在输出时仍用"%d"说明符,也会出现以上错误。

(4) 在输入语句 scanf 中忘记使用变量的地址符。

例如:

```
scanf("%d%d",a,b);
```

这是许多初学者刚学习 C 语言时一个常见的疏忽,或者说是习惯性的错误,因为在其他语言中在输入时只需写出变量名即可,而 C 语言要求指明"向哪个地址标识的单元送值"。应写成

```
scanf("%d%d",&a,&b);
```

(5) 输入数据的形式与要求不符。

用 scanf 函数输入数据,应注意如何组织输入数据。假如有以下 scanf 函数:

```
scanf("%d%d",&a,&b);
```

有人按下面的方法输入数据:

```
3,4
```

这是错的。数据间应该用空格(或 Tab 键,或回车符)来分隔。读者可以用

```
printf("%d%d",a,b);
```

来验证一下。应该用以下方法输入:

```
3 4
```

如果 scanf 函数为

```
scanf("%d,%d",&a,&b);
```

对 scanf 函数中格式字符串中除了格式说明符外,对其他字符必须按原样输入。因此,应按以下方法输入:

```
3,4
```

此时如果用"3 4"反而错了。还应注意,不能企图用

```
scanf("input a&b: %d,%d",&a,&b);
```

想在屏幕上显示一行信息：

```
input a&b:
```

然后在其后输入 a 和 b 的值，这是不行的。如果想在屏幕上得到所需的提示信息，可以另加一个 printf 函数语句：

```
printf("input a&b:");
scanf("%d,%d",&a,&b);
```

(6) 误把"＝"作为"等于"运算符。

许多人习惯性地用数学上的等于号"＝"作为 C 程序中的关系运算符"等于"。而在 C 语言中，"＝＝"才是关系运算符"等于"。有人写出如下的 if 语句：

```
if(score=100)  n++;
```

本意是想统计 score 为 100 分的人数，当 score 等于 100 时就使 n 加 1。但 C 编译系统将"＝"作为赋值运算符，将"score＝100"作为赋值表达式处理，把 100 赋给 score，作为 score 的新值。if 语句检查 score 是否为零。若为非零，则作为"真"；若为零，则作为"假"。今score 经过赋值之后显然不等于 0，因此总执行 n＋＋，不论 score 的原值是什么，都使 n 的值加 1。

这种错误在编译时是检查不出来的，但运行结果往往是错的。而且由于习惯的影响，在检查源程序时，往往设计者自己是不易发觉的。

(7) 语句后面漏分号。

C 语言规定语句末尾必须有分号，分号是 C 语句不可缺少的一部分，这也是和其他语言不同的。有的初学者往往忘记写这一分号。例如：

```
a=3
b=4;
```

在程序编译时，编译系统在"a＝3"后面未发现分号，就接着检查下一行有无分号。"b＝4"也作为上一行的语句的一部分，这就出现语法错误。由于在第 2 行才能判断语句有错，所以编译系统指出"在第 2 行有错"，但用户在第 2 行却未发现错误。这时应该检查上一行是否漏了分号。

如果用复合语句，有的学过 Pascal 语言的读者往往漏写最后一个语句的分号，例如：

```
{t=a;
 a=b;
 b=t
}
```

在 Pascal 中分号是两个语句间的分隔符而不是语句的一部分,而在 C 语言中,没有分号的就不是语句。

(8) 在预编译指令的末尾多加了一个分号。

预编译指令不是 C 语句,末尾不需要加分号,但是有人习惯于在每行末尾都加分号。例如:

```
#include <stdio.h>;
#define N 10;
```

这就错了。

(9) 语句未结束就加分号。

例如:

```
if(a>b);
  printf("a  is  larger  than b\n");
```

本意是:当 a>b 时输出"a is larger than b"的信息。但由于在 if (a>b)后加了分号,因此 if 语句到此结束,即当 a>b 为真时,执行一个空语句。本来想 a≤b 时不输出上述信息,但现在 printf 函数语句并不从属于 if 语句,而是与 if 语句平行的语句。不论 a>b 还是 a≤b,都输出"a is larger than b"。

又如:

```
for(i=0;i<10;i++);
  { scanf("%d",&x);
    printf("%d\n",x * x);
  }
```

本意为先后输入 10 个数,每输入一个数后输出它的平方值。由于在 for()后不经意地加了一个分号,使循环体变成了空语句。执行 for 语句的效果只是使变量 i 的值由 0 变到 10。然后输入一个整数并输出它的平方值。

这种错误往往发生在不熟悉 C 语法的初学者身上。

总之,在 if、for、while 语句中,不要画蛇添足,多加分号。

(10) 对应该有花括号的复合语句,忘记加花括号。例如:

```
sum=00;
i=1;
while(i<=100)
    sum=sum+i;
    i++;
```

本意是实现 $1+2+\cdots+100$,即 $\sum\limits_{i=0}^{100} i$,但上面的语句只是重复了 sum+i 的操作,而且循环永

不终止,因为 i 的值始终没有改变。错误在于没有写成复合语句形式。因此,while 语句的范围到其后第一个分号为止。语句"i++;"不属于循环体范围之内。应改为

```
while(i<=100)
 { sum=sum+i;
   i++;
 }
```

(11) 括号不配对。

当一个语句中使用多层括号时常出现这类错误,纯属粗心所致。例如:

```
while((c=getchar()!='#')
  putchar(c);
```

少了一个右括号。

(12) 在用标识符时,混淆了大写字母和小写字母的区别。

例如:

```
#define PI 3.1416926
int main()
 { float .area,r=2.5;
   area=pi * r * r;
   return 0;
 }
```

编译时出错。编译程序把 PI 和 pi 认作两个不同的标识符处理,所以认为"变量 pi 未经定义",出错。

(13) 引用数组元素时误用了圆括号。

例如:

```
int main()
{ int i,a(10);
  for(i=0;i<10;i++)
    scanf("%d",&a(i));
  return 0;
}
```

C 语言中对数组的定义或引用数组元素时必须用方括号。

(14) 在定义数组时,将定义的"元素个数"误认为是"可使用的最大下标值"。

例如:

```
int main()
{ int a[10]={1,2,3,4,5,6,7,8,9,10};
  int i:
```

```
for(i=1; i<=10; i++)
  printf("%d",a[i]);
return 0;
}
```

编程者想输出 a[1]～a[10]这 10 个元素是不可能的。C 语言规定在定义数组时用
a[10],表示 a 数组有 10 个元素,而不是可以用的最大下标值为 10。在 C 语言中数组的下标
是从 0 开始的,因此,数组 a 只包括 a[0]～a[9]这 10 个元素,想引用 a[10]就超出 a 数组的
范围了。值得注意的是,在程序编译时,C 编译系统对此并不报错,编译能通过,但运行结果
不对。系统把 a[9]后面的存储单元作为 a[10]输出,这显然不是编程者的原意。由于编译
系统不报错,有时编程者难以发现这类错误。要注意仔细分析运行结果。这是一些初学者
常犯的错误。

(15) 对二维或多维数组的定义和引用的方法不对。

例如:

```
int main()
{ int a[5,4];
  printf("%d",a[1+2,2+2]);
  return 0;
}
```

对二维数组和多维数组在定义和引用时必须将每一维的数据分别用方括号括起来。上面
a[5,4]应改为 a[5][4],a[1+2,2+2]应改为 a[1+2][2+2]。根据 C 语言的语法规则,在
一个方括号中的是一个维的下标表达式,a[1+2,2+2]方括号中的"1+2,2+2"是一个逗号
表达式,它的值是第二个数值表达式的值,即 2+2 的值为 4。所以 a[1+2,2+2]相当于
a[4],而 a[4]是 a 数组的第 4 行的首地址。因此执行 printf 函数输出的结果并不是
a[3][4]的值,而是 a 数组第 4 行的首地址。

(16) 误以为数组名代表数组中全部元素。

例如:

```
int main()
  {int a[10]={1,3,5,7,9,11,13,15,17,19},b[10];
   b=a;
   return 0;
  }
```

用这种方法将 a 数组的全部元素赋给 b 数组的相应元素是做不到的。在 C 语言中,数
组名代表数组首地址,不代表全部元素。

(17) 混淆字符数组与字符指针的区别。

例如:

```
int main()
  { char str[4];
   str="Computer and c";
   printf("%s\n%",str);
   return 0;
  }
```

编译出错。str 是数组名,在编译时对 str 数组分配了一段内存单元,数组名代表数组首地址。因此在程序运行期间 str 是一个常量,不能再被赋值。所以,str="Computer and c"是错误的。

如果改成

```
char * str;                    //改为指针变量
str="Computer and c";
printf("%s\n",str);
```

该程序正确。此时 str 是指向字符数据的指针变量,str="Computer and c"是合法的,它将字符串的首地址赋给指针变量 str,然后在 printf 函数语句中输出字符串"Computer and c"。

因此应当弄清楚字符数组与字符指针变量用法的区别。

(18) 在引用指针变量之前没有对它赋予确定的值。例如:

```
int main()
{ char * p;
  scanf("%s",p);
  return 0;
}
```

没有给指针变量 p 赋值就引用它,编译时给出警告信息。其实指针变量 p 中不是空的,而是存放了一个不可预测的值,即 p 指向地址为此值的存储单元,而这个存储单元中可能是存放了有用的数据的。如果执行上面的 scanf 语句,就将一个字符串输入到此存储单元开始的一段存储空间,这就改变了这段存储空间的原有状况,有可能破坏了系统的工作环境,产生灾难性的后果,十分危险。应当改为

```
char * p,c[20];
p=c;
scanf("%s",p);
```

即先根据需要定义一个大小合适的字符数组 c,然后将 c 数组的首地址赋给指针变量 p,此时 p 有确定的值,指向数组 c 的首元素。再执行 scanf 函数就没有问题了,把从键盘输入的字符串存放到字符数组 c 中。

(19) switch 语句的各分支中漏写 break 语句。

例如:

```
switch(score)
{case 5:printf("Very Good!");
 case 4:printf("Good!");
 case 3:printf("Pass!");
 case 2:printf("Fail!");
 default:printf("data error!");
}
```

写上述 switch 语句的原意是希望根据 score(成绩)输出评语。但当 score 的值为 5 时，输出为

Very Good! Good! Pass!Fail!data error!

原因是漏写了 break 语句。case 只起标号的作用，而不起判断作用，因此在执行完第一个 printf 函数语句后接着执行第 2~5 个 printf 函数语句。应改为

```
switch(score)
{case 5:printf("Very good!");        break;
 case 4:printf("Good!");             break;
 case 3:printf("Pass!");             break;
 case 2:printf("Fail!");             break;
 default:printf("data error!");
}
```

(20) 混淆字符和字符串的表示形式。

例如：

```
char sex;
sex="M";
 ⋮
```

sex 是字符变量，只能存放一个字符。而字符常量的形式是用单撇号括起来的，"M"是用双撇号括起来的字符串，它包括两个字符：'M'和'\0',无法存放到字符变量 sex 中。应改为

sex='M';

(21) 使用自加(++)和自减(——)运算符时容易出的错误。

例如：

```
int main()
{ int * p,a[5]={1,3,5,7,9};
 p=a;
 printf("%d", * p++);
 return 0;
```

```
       }
```

不少人认为"＊p＋＋"的作用是先使 p 加 1,即指向第 1 个元素 a[1]处,然后输出第一个元素 a[1]的值 3。其实应该是先执行 p＋＋,而 p＋＋的作用是先用 p 的原值,用完后使 p 加 1。今 p 的原值指向数组 a 的第 0 个元素 a[0],因此＊p 就是第 0 个元素 a[0]的值 1。结论是先输出 a[0]的值,然后再使 p 加 1。如果是＊(＋＋p),则先使 p 指向 a[1],然后输出 a[1]的值。

在使用＋＋和－－运算符时,一定要避免歧义性,如无把握,宁可多加括号,如上面的 ＊p＋＋可改写为＊(p＋＋)。

(22) 所调用的函数在调用语句之后才定义,而又在调用前未声明。

例如:

```
int main()
 {float x,y,z;
  x=3.5;y=-7.6;
  z=max(x,y);
  printf("%f\n",z);
  return 0;
 }
 float max(float x,float y)
   {
       return (z=x>y? x:y):
   }
```

这个程序在编译时有出错信息。原因是 max 函数是在 main 函数之后才定义,也就是 max 函数的定义位置在 main 函数调用 max 函数之后。改错的方法可以用以下二者之一。

① 在 main 函数中增加一个对 max 函数的声明,即函数的原型:

```
int main()
 {float max(float,float);      //声明将要用到的 max 函数为实型
  float x,y,z;
  x=3.5;y=-7.6;
  z=max(x,y);
  printf("%f\n",z);
 }
```

② 将 max 函数的定义位置调到 main 函数之前,即

```
float max(float x,float y)
   {return (z=x>y? x:y);}

void main()
```

```
{ float x,y,z;
  x=3.5;y=-7.6;
  z=max(x,y);
  printf("%f\n",z);
}
```

这样,编译时不会出错,程序运行结果是正确的。提倡用第①种方法,符合规范。

(23) 对函数声明与函数定义不匹配。

如已定义一个 fun 函数,其首行为

```
int fun(int x,float y,long z)
```

在主调函数中作下面的声明将出错:

```
fun(int x,float y,long z);              //漏写函数类型
float fun(int x,float y,long z);        //函数类型不匹配
int fun(int x,int y,int z);             //参数类型不匹配
int fun(int x,float y);                 //参数数目不匹配
int fun(int x,long z,float y);          //参数顺序不匹配
```

下面的声明是正确的:

```
int fun(int x,float y,long z);
int fun(int,float,long);                //可以不写形参名
int fun(int a,float b,long c);          //编译时不检查函数原型中的形参名
```

(24) 在需要加头文件时没有用♯include 指令去包含头文件。

例如,程序中用到 fabs 函数,没有用♯include＜math.h＞,程序中用到输入输出函数,没有用♯include＜stdio.h＞等。

这是不少初学者常犯的错误,至于哪个函数应该用哪个头文件,可参阅本书的主教材中附录 E。

(25) 误认为形参值的改变会影响实参的值。

例如:

```
int main()
{int a,b;
 a=3;b=4;
 swap(a,b);
 printf("%d,%d\n",a,b);
 return 0;
}

void swap(int x,int y)
```

```
(int t:
  t=x;x=y;y=t;
}
```

原意是通过调用 swap 函数使 a 和 b 的值对换,然后在 main 函数中输出已对换值的 a 和 b。但是这样的程序是达不到目的的,因为 x 和 y 的值的变化是不传送回实参 a 和 b 的,main 函数中的 a 和 b 的值并未改变。

如果想从函数得到一个以上变化的值,应该用指针变量。用指针变量作函数参数,使指针变量所指向的变量的值发生变化,即交换两个指针变量所指向的变量的内容,此时变量的值改变了,主调函数中可以利用这些已改变的值。例如:

```
int main()
  { int a,b, * p1, * p2;
  a=3;b=4;
  p1=&a;p2=&b;
  swap(p1,p2);
  printf("%d,%d\n",a,b);        //a 和 b 的值已对换
  return 0;
  }

void swap(int * pt1,int * pt2)
  {  int temp;
    temp= * pt1; * pt1= * pt2; * pt2=temp;
  }
```

(26) 函数的实参和形参类型不一致。

例如:

```
int main()
{ int a=3,b=4,c;
  c=fun(a,b);
    ⋮
  return 0;
  }

int fun(float x,float y)
  {
    ⋮
  }
```

实参 a、b 为整型,形参 x、y 为实型。a 和 b 的值传递给 x 和 y 时,x 和 y 得到的值并非 3 和 4,得不到正确的运行结果。C 要求实参与形参的类型一致。如果在 main 函数中对 fun

作原型声明：

```
int fun(float,float);
```

桯序可以止常运行,此时,按个同类型间的赋值的规则处埋,在虚实结合后 x＝3.0、y＝4.0。

（27）不同类型的指针混用。

例如：

```
int main()
 {int i=3, * p1;
  float a=1.5, * p2:
  p1=&i;   p2=&a;
  p2=p1;
  printf("%d,%d\n", * p1, * p2);
  return 0;
 }
```

企图使 p2 也指向 i,但 p2 是指向实型变量的指针,不能指向整型变量。

又如：

```
int a[10],b[5][4];
int * p=a;
p=b;                        //企图使 p 指向 b 数组
```

p 被定义为指向整型变量的指针变量,用它指向 a[0]是可以的,"int ＊ p＝a;"的用法是正确的,而"p＝b;"用法不正确,因为数组名 b 代表二维数组第一行的起始地址,而不代表一个整型变量,不能用 p 指向它。以下用法是正确的：

```
p= * b;                     //p 指向 b[0][0]
p=&b[0][0];                 //p 指向 b[0][0]
```

如果指针的类型不同,不能直接赋值,可以采用强制类型转换。例如：

```
p2=(float * )p1;
```

作用是先将 p1 的值转换成指向实型的指针,然后再赋给 p2。

这种情况在 C 程序中是常见的。例如,用 malloc 函数开辟内存单元,函数返回的是指向被分配内存空间的 void ＊ 类型的指针。而人们希望开辟的是存放一个结构体变量值的存储单元,要求得到指向该结构体变量的指针,可以进行如下的类型转换：

```
struct student
 {int num;
  char name[20];
  float score;
 };
```

```
struct student student1, * p;
p=(struct student *)malloc(LEN);
```

p 是指向 struct student 结构体类型数据的指针,将 malloc 函数返回的 void * 类型的指针转换成指向 struct student 类型变量的指针。

(28) 没有注意系统对函数参数的求值顺序的处理方法。

例如有以下语句:

```
i=3;
printf("%d,%d,%d\n",i,++i,++i);
```

许多人认为输出必然是:

```
3,4,5
```

实际不尽然。在 Turbo C 和 Visual C++ 6.0 系统中输出是:

```
5,5,4
```

因为这些系统的处理方法是:按自右至左的顺序求函数参数的值,先求出最右面一个参数(++i)的值为 4,再求出第 2 个参数(++i)的值为 5,最后求出最左面的参数(i)的值 5。

如果改为下面的 printf 语句:

```
printf("%d,%d,%d\n",i,i++,i++);
```

在 Turbo C 和 Visual C++ 系统中输出是:

```
3,3,3
```

求值的顺序仍然是自右而左,但是需要注意的是:对于 i++,什么时候执行 i 自加 1 的操作? 由于 i++ 是"后自加",是在执行完 printf 语句后再使 i 加 1,而不是在求出最右面一项的值(值为 3)之后 i 的值立即加 1,所以 3 个输出项的值都是 i 的原值。

C 标准没有具体规定函数参数求值的顺序是自左至右,还是自右至左。但每个 C 编译程序都有自己的顺序,在有些情况下,从左到右求解和从右到左求解的结果是相同的。例如:

```
fun1(a+b,b+c,c+a);
```

fun1 是一个函数名,3 个实参表达式:a+b、b+c、c+a。在一般情况下,自左至右地求这 3 个表达式的值和自右至左求它们的值是一样的,但在前面举的例子是不相同的。因此,应该使程序具有通用性,不会在不同的编译环境下得到不同的结果。不使用会引起二义性的用法。如果在上例中,希望输出"3,4,5",可以改用

```
i=3;   j=++i;   k=++j;
printf("%d,%d,%d\n",i,j,k);
```

(29) 混淆数组名与指针变量的区别。

例如：

```
int main()
 {int i,a[5];
  for(i=0;i<5;i++)
  scanf("%d",a++);
  return 0;
 }
```

企图通过 a 的改变使指针下移，每次指向下一个数组元素。它的错误在于不了解数组名代表数组首地址，它的值是不能改变的，用 a＋＋是错误的，应当用指针变量来指向各数组元素，即

```
int i,a[5], * p;
p=a;
for(i=0;i<5;i++)
    scanf("%d",p++);
```

或

```
int a[5], * p;
for(p=a;p<a+5;p++)
  scanf("%d",p);
```

（30）混淆结构体类型与结构体变量的区别，对一个结构体类型赋值。

例如：

```
struct worker
   {long  num;
    char name [20];
    char sex;
    int age;
   };
worker.num=187045;
strcpy(worker.name,"ZhangFun");
worker.sex='M';
worker.age=18;
```

这是错误的，struct worker 是类型名，它不是变量，不占存储单元。只能对结构体变量中的成员赋值，而不能对类型中的成员赋值。上面的程序段未定义变量。应改为

```
struct worker
 {long  num;
  char name [20];
```

```
  char sex;
  int age;
 };
struct worker worker_1;
worker_1.num=187045;
strcpy(worker_1.name,"Zhang Fun");
worker_1.sex='M';
worker_1.age=18;
```

现定义了结构体变量 worker_1,并对其中的各成员赋值,这是合法的。

(31) 使用文件时忘记打开,或打开方式与使用情况不匹配。

例如,对文件的读写,用只读方式打开,却企图向该文件输出数据,例如:

```
if((fp=fopen("test","r"))==NULL)
  {printf("cannot open this file\n");
   exit (0);
  }
ch=fgetc(fp);
while(ch!='#')
  {ch=ch+4;
   fputc(ch,fp);
   ch=fget(fp);
  }
```

对以"r"方式(只读方式)打开的文件,进行既读又写的操作,显然是不行的。

此外,有的程序常忘记关闭文件,虽然系统会自动关闭所用文件,但可能会丢失数据。因此必须在用完文件后关闭它。

以上只是列举了一些初学者常出现的错误,这些错误大多是对于 C 语法不熟悉之故。对 C 语言使用多了,比较熟练了,犯这些错误自然就会减少了。在深入使用 C 语言后,还会出现其他一些更深入、更隐蔽的错误。

第 章

程序的调试与测试

6.1　程序的调试

所谓程序调试是指对程序的查错和排错。调试程序一般应经过以下几个步骤。

(1) 在上机前先进行人工检查,即静态检查。在写好一个程序以后,应对程序进行人工检查。这一步是十分重要的,它能发现程序设计人员由于疏忽而造成的多数错误。而这一步骤往往容易被人忽视,有人总希望把一切推给计算机系统去做,但这样就会多占用机器时间。而且,作为一个程序人员应当养成严谨的科学作风,每一步都要严格把关,不把问题留给后面的工序。

为了更有效地进行人工检查,所编的程序应注意力求做到以下几点:

① 应当采用结构化程序方法编程,以增加可读性;

② 尽可能多加注释,以帮助理解每段程序的作用;

③ 在编写复杂的程序时,不要将全部语句都写在 main 函数中,而要多利用函数,用一个函数来实现一个单独的功能。这样既易于阅读也便于调试,各函数之间除用参数传递数据这一渠道以外,数据间尽量少出现耦合关系,便于分别检查和处理。

(2) 在人工(静态)检查无误后,可以进行上机调试。通过上机发现错误称动态检查。在编译时给出语法错误的信息(包括哪一行有错以及错误类型),可以根据提示的信息具体找出程序中出错之处并改正之。应当注意的是:有时提示的出错行并不是真正出错的行,如果在提示出错的行上找不到错误的话应当到上一行再找。

另外,有时提示出错的类型并非绝对准确,由于出错的情况繁多而且各种错误互有关联,因此要善于分析,找出真正的错误,而不要只从字面意义上死抠出错信息,钻牛角尖。

如果系统提示的出错信息多,应当从上到下逐一改正。有时显示出一大片出错信息,往往使人感到问题严重,无从下手,其实可能只有一两个错误。例如,对所用的变量未定义,编译时就会对所有含该变量的语句发出出错信息,只要加上一个变量定义,所有错误就都消除了。

(3) 在改正语法错误(包括"错误"(error)和"警告"(warning))后,程序经过连接(link)

就得到可执行的目标程序。运行程序,输入程序所需数据,就可得到运行结果。应当对运行结果作分析,看它是否符合要求。有的初学者看到输出运行结果就认为没问题了,不作认真分析,这是危险的。

有时,数据比较复杂,难以立即判断结果是否正确。可以事先考虑好一批"实验数据",输入这些数据可以得出容易判断正确与否的结果。例如,解方程 $ax^2+bx+c=0$,输入 a、b、c 的值分别为 1、-2、1 时,根 x 的值是 1。这是容易判断的,若根不等于 1,程序显然有错。

但是,用"实验数据"时,程序运行结果正确,还不能保证程序完全正确。因为有可能输入另一组数据时运行结果不对。例如,用 $x=\dfrac{-b\pm\sqrt{b^2-4ac}}{2a}$ 公式求根 x 的值,当 $a\neq0$ 和 $b^2-4ac>0$ 时,能得出正确结果,当 $a=0$ 或 $b^2-4ac<0$ 时,就得不到正确结果(假设程序中未对 $a=0$ 作防御处理以及未作复数处理)。因此应当把程序可能遇到的多种方案都一一试到。例如,if 语句有两个分支,有可能在流程经过其中一个分支时结果正确,而经过另一个分支时结果不对,必须考虑周全。

事实上,当程序复杂时很难把所有的可能方案全部都试到,选择典型的情况做实验即可。

(4) 运行结果不对,大多属于逻辑错误。对这类错误往往需要仔细检查和分析能发现:

① 将程序与流程图(或伪代码)仔细对照,如果流程图是正确的话,程序写错了,是很容易发现的。例如,复合语句忘记写花括号,只要一对照流程图就能很快发现。

② 如在程序中没有发现问题,就要检查流程图有无错误,即算法有无问题,如有则改正之,接着修改程序。

(5) 有时有的错误很隐蔽,在纸面上难以查出,此时可以采用以下办法利用计算机帮助查出问题所在。

① 取"分段检查"的方法。在程序不同位置设几个 printf 语句,输出有关变量的值,以检查是否正常。逐段往下检查,直到找到在某一段中数据不对为止。这时就已经把错误局限在这一段中了。不断缩小"查错区",就可能发现错误所在。

② 可以用"条件编译"命令进行程序调试。上面已说明,在程序调试阶段,往往要增加若干 printf 语句检查有关变量的值。在调试完毕后,可以用条件编译命令,使这些语句行不被编译,当然也不会被执行。下面简单介绍怎样使用这种方法:

```
#define DEBUG 1                           //将标识符 DEBUG 定义为 1
    ⋮
#ifdef DEBUG                              //如果标识符 DEBUG 已被定义过
    printf("x=%d,y=%d,z=%d\n",x,y,z);     //输出 x,y,z 的值
#endif                                    //条件编译作用结束
    ⋮
```

最后 3 行作用是：如果标识符 DEBUG 已被定义过（不管定义的是什么值），在程序编择时，包含在 ♯ifdef 和 ♯endif 两行当中的 printf 语句正常地被编译。现在，第 1 行已有"♯ define DEBUG 1"，即标识符 DEBUG 已被定义过，所以当中的 printf 语句按正常情况进行编译，在运行时输出 x、y、z 的值，以便检查数据是否正确。在调试结束后，不需要这个 printf 语句了，只需把第 1 行"♯define DEBUG 1"删去，再进行编译，由于此时标识符 DEBUG 未被定义过，因此不对当中的 printf 语句进行编译并执行，不输出 x、y、z 的值。在一个程序中可以在多处作这样的指定。只需在最前面用一个 ♯define 命令进行"统一控制"，如同一个"开关"一样。用"条件编译"方法，不需要逐一删除这些 printf 语句，使用起来方便，调试效率高。

上面用 DEBUG 作为控制的标识符，但也可以用其他任何一个标识符，如用 A 代替 DEBUG 也可以。我们用 DEBUG 是为了"见名知意"，从中可清楚地知道这是为了调试程序而设的。

③ 有的系统还提供 debug（调试）工具，跟踪流程并给出相应信息，使用更为方便，请查阅有关手册。

总之，程序调试是一项细致深入的工作，需要下功夫，动脑子，善于积累经验。在程序调试过程中往往反映出一个人的水平、经验和科学态度。希望读者能给予足够的重视。上机调试程序的目的绝不是为了"验证程序的正确性"，而是"掌握调试的方法和技术"。

 ## 6.2　程序错误的类型

为了帮助读者调试程序和分析程序，下面简单介绍程序出错的种类。

(1) 语法错误。即不符合 C 语言的语法规定，例如将 printf 错写为 pintf、括号不匹配、语句最后漏了分号等。在程序编译时要对程序中每行作语法检查，凡不符合语法规定的都要发出"出错信息"。

"出错信息"有两类：一类是"致命错误"(error)，不改正是不能通过编译的，也不能产生目标文件.obj，因此无法继续进行连接以产生可执行文件.exe。必须找出错误并加以改正。

对一些在语法上有轻微毛病或可能影响程序运行结果精确性的问题（如定义了变量但始终未使用、将一个双精度数赋给一个单精度变量等），编译时发出"警告"(warning)。有"警告"的程序一般能够通过编译，产生.obj 文件，并可通过连接产生可执行文件，但可能会对运行结果有些影响。例如：

```
float a,b,c,aver;
a=87.5;
b=64.6;
c=89.0;
aver=(a+b+c)/3.0;
```

在编译时,会指出有 4 个警告(warning),分别在第 2、第 3、第 4 和第 5 行,Visual C++ 6.0 给出的警告信息是:"truncation from 'const double' to 'float'"(数据由双精度常数传送到 float 变量时会出现截断)。因为编译系统把实数都作为双精度常量处理,而把一个双精度常数传送到 float 变量时就有可能由于数据截断而产生误差。这些警告是对用户善意的提醒,如果用户考虑到要保证较高的精度,可以把变量改为 double 类型,如果用户认为 float 类型变量提供的精度已足够,则不必修改程序,而继续进行连接和运行。

归纳起来,对程序中所有导致"错误"(error)的因素必须全部排除,对"警告"(warning)则要认真对待,具体分析。当然,做到既无错误又无警告最好,而有的警告并不说明程序有错,可以不处理。

(2) 逻辑错误。程序并无违背语法规则,也能正常运行,但程序执行结果与原意不符。这是由于程序设计人员设计的算法有错或编写程序有错,通知给系统的指令与解题的原意不相同,即出现了逻辑上的错误。例如,本书第 11 章列出的第 9 种错误:

```
sum=0;i=1
while(i<=100)
sum=sum+i;
i++;
```

语法并无错误。但由于缺少花括号,while 语句的范围只包括到"sum＝sum＋i;",而不包括"i＋＋;"。通知给系统的信息是当 i≤100 时,执行"sum＝sum＋i;",而 i 的值始终不变,形成一个永不终止的"死循环"。C 系统无法辨别程序中这个语句是否符合作者的原意,而只能忠实地执行这一指令。

又如,求 s＝1＋2＋3＋…＋100,如果写出以下语句:

```
for(s=0,i=1;i<100;i++)
s=s+i;
```

语法没有错,但求出的结果是 1＋2＋3＋…＋99 之和,而不是 1＋2＋3＋…＋100 之和,原因是少执行了一次循环。这种错误在程序编译时是无法检查出来的,因为语法是正确的。计算机无法知道程序编制者是想累加 100 个数呢,还是想累加 99 个数,只能按程序执行。

这类错误属于程序逻辑方面的错误,可能是在设计算法时出现的错误,也可能是算法正确而在编写程序时出现疏忽所致。需要认真检查程序和分析运行结果。如果是算法有错,则应先修改算法,再改程序。如果是算法正确而程序写得不对,则直接修改程序。

又如有以下程序:

```
#include <stdio.h>
int main()
{   int a=3,b=4,aver;
    scanf("%d %d",a,b);
    aver=(a+b)/2.0;
```

```
    printf("%d\n",aver);
    return 0;
}
```

编写者的原意是先对 a 和 b 赋初值 3 和 4,然后通过 scanf 函数向 a 和 b 输入新的值。有经验的人一眼就会看出 scanf 函数写法不对,漏了地址符 &,应该是:

```
scanf("%d %d",&a,&b);
```

但是,这个错误在程序编译时是检查不出来的,也不输出"出错信息"。程序能通过编译,也能运行。这是为什么呢? 如果按正确的写法:"scanf("%d %d",&a,&b);",其含义是:把用户从键盘输入的一个整数送到变量 a 的地址所指向的内存单元。如果变量 a 的地址是 1020,则把用户从键盘输入的一个整数送到地址为 1020 的内存单元中,也就是把输入的数赋给了变量 a。

如果写成"scanf("%d %d",a,b);",编译系统是这样理解和执行的:把用户从键盘输入的一个整数送到变量 a 的值所指向的内存单元。如果 a 的值为 3,则把用户从键盘输入的数送到地址为 3 的内存单元中。显然,这不是变量 a 所在的单元,而是一个不可预料的单元。这样就改变了该单元的内容,有可能造成严重的后果,是很危险的。

这种错误比语法错误更难检查,要求程序员有较丰富的经验。

因此,不要认为只要通过编译的程序一定就没有问题。除了需要仔细反复地检查程序外,在程序运行时一定要注意运行情况。像上面这个程序运行时会出现异常,应及时检查出原因,并加以修正。

(3) 运行错误。有时程序既无语法错误,又无逻辑错误,但程序不能正常运行或结果不对。多数情况是数据不对,包括数据本身不合适以及数据类型不匹配。如有以下程序:

```
#include <stdio.h>
int main()
{int a,b,c;
scanf("%d,%d",&a,&b);
c=a/b;
printf("%d\n",c);
return 0;
}
```

当输入的 b 为非零值时,运行无问题。当输入的 b 为零时,运行时出现"溢出"(overflow)的错误。

如果在执行上面的 scanf 函数语句时输入

456.78,34.56↙

则输出 c 的值为 2,显然是不对的。这是由于输入的数据类型与输入格式符%d 不匹配而引起的。

应当养成认真分析结果的习惯,不要无条件地"相信计算机"。有的人盲目相信计算机,以为凡是计算机计算并输出的总是正确的。但是,你给的数据不对或程序有问题,结果怎能保证正确呢?

6.3 程序的测试

程序调试的任务是排除程序中的错误,使程序能顺利地运行并得到预期的效果。程序的调试阶段不仅要发现和消除语法上的错误,还要发现和消除逻辑错误和运行错误。除了可以利用编译时提示的"出错信息"来发现和改正语法错误外,还可以通过程序的测试来发现逻辑错误和运行错误。

程序的测试任务是尽力寻找程序中可能存在的错误。在测试时要设想到程序运行时的各种情况,测试在各种情况下的运行结果是否正确。

从前面举的例子中可以看到,有时程序在某些情况下能正确运行,而在另外一些情况下不能正常运行或得到正确的结果,因此,一个程序即使通过编译并正常运行而且可以得到正确的结果,还不能认为程序就一定没有问题了。要考虑是否在任何情况下都能正常运行并且得到正确的结果。测试的任务就是要找出那些不能正常运行的情况和原因。下面通过一个例子来说明。

求一元二次方程 $ax^2+bx+c=0$ 的根。

有人根据求根公式 $x_{1,2}=\dfrac{-b\pm\sqrt{b^2-4ac}}{2a}$,编写出以下程序:

```
#include <stdio.h>
#include <math.h>
int main()
  {float a,b,c,disc,x1,x2;
   scanf("%f,%f,%f",&a,&b,&c);
   disc=b*b-4*a*c;
   x1=(-b+sqrt(disc))/(2*a);
   x2=(-b-sqrt(disc))/(2*a);
   printf("x1=%6.2f,x2=%6.2f\n",x1,x2);
   return 0;
  }
```

当输入 a、b、c 的值为 1、−2、−15 时,输出 x1 的值为 5,x2 的值为 −3。结果是正确无误的。但是若输入 a、b、c 的值为 3、2、4 时,屏幕上出现"出错信息",程序停止运行,原因是对负数求平方根了($b^2-4ac=4-48=-44<0$)。

因此,此程序只适用于 $b^2-4ac\geqslant0$ 的情况。我们不能说上面的程序是错的,而只能说程序"考虑不周",不是在任何情况下都是正确的。使用这个程序必须满足一定的前提($b^2-4ac\geqslant0$),这样,就给使用程序的人带来不便。在输入数据前,必须先算一下,b^2-4ac 是否大于或等于 0。

应要求一个程序能适应各种不同的情况,并且都能正常运行并得到相应的结果。

下面分析一下求方程 $ax^2+bx+c=0$ 的根,有以下几种情况。

(1) $a\neq0$ 时:

① $b^2-4ac>0$,方程有两个不等的实根:

$$x_{1,2}=\frac{-b\pm\sqrt{b^2-4ac}}{2a}$$

② $b^2-4ac=0$,方程有两个相等的实根:

$$x_1=x_2=-\frac{b}{2a}$$

③ $b^2-4ac<0$,方程有两个不等的共轭复根:

$$x_{1,2}=\frac{-b}{2a}\pm\frac{i\sqrt{4ac-b^2}}{2a}x$$

(2) $a=0$ 时,方程就变成一元一次的线性方程:$bx+c=0$。

① 当 $b\neq0$ 时,$x=-\dfrac{c}{b}$。

② 当 $b=0$ 时,方程变为 $0x+c=0$。

• 当 $c=0$ 时,x 可以为任何值;

• 当 $c\neq0$ 时,x 无解。

综合起来,共有 6 种情况:

① $a\neq0,b^2-4ac>0$;

② $a\neq0,b^2-4ac=0$;

③ $a\neq0,b^2-4ac<0$;

④ $a=0,b\neq0$;

⑤ $a=0,b=0,c=0$;

⑥ $a=0,b=0,c\neq0$。

应当分别测试程序在以上 6 种情况下的运行情况,观察它们是否符合要求。为此,应准备 6 组数据。用这 6 组数据去测试程序的"健壮性"。在使用上面这个程序时,显然只有满足①②情况的数据才能使程序正确运行,而输入满足③～⑥情况的数据时,程序出错。这说明程序不"健壮"。为此,应当修改程序,使之能适应以上 6 种情况。可将程序改为

```
#include <stdio.h>
#include <math.h>
int main()
```

```
{float a,b,c,disc,x1,x2,p,q;
 printf("input a,b,c: ");
 scanf("%f,%f,%f",&a,&b,&c);
 if(a==0)
   if(b==0)
     if(c==0)
       printf("It is trivial.\n");
     else
       printf("It is impossible.\n");
   else
     {printf("It has one solution: \n");
      printf("x=%6.2f\n',-c/b);
 else
   {disc=b*b-4*a*c;
    if(disc>=0)
     if(disc>0)
       {printf("It has two real solutions: \n");
        x1=(-b+sqrt(disc))/(2*a);
        x2=(-b-sqrt(disc))/(2*a);
        printf("x1=%6.2f,  x2=%6.2f\n",x1,x2);
       }
     else
       {printf("It has two same real solutions: \n");
        printf("x1=x2=%6.2f\\n",-b/(2*a));
       }
   else
     {printf("It has two complex solutions: \n");
      p=-b/(2*a);
      q=sqrt(-disc)/(2*a);
      printf("x1=%6.2f+%6.2fi,x2=%6.2f-%6.2fi\n",p,q,p,q);
     }
   }
 return 0;
}
```

为了测试程序的"健壮性",我们准备了6组数据:

① 3,4,1　② 1,2,1　③ 4,2,1　④ 0,3,4　⑤ 0,0,0　⑥ 0,0,5

分别用这6组数据作为输入 a、b、c 的值,得到以下的运行结果:

①

```
input a,b,c: 3,4,1 ↙
It has two real solutions:
```

```
x1=-0.33,x2=-1.00
```

②

```
input a,b,c: 1,2,1↙
It has two same real solutions:
x1=x2=-1.00
```

③

```
input a,b,c: 4,2,1↙
It has two complex solutions:
x1=-0.25+0.43i,   x2=-0.25-0.43i
```

④

```
input a,b,c: 0,3,4↙
It has one solution:
x=-1.33
```

⑤

```
input a,b,c: 0,0,0↙
It is trivial.
```

⑥

```
input a,b,c: 0,0,5↙
It is impossible.
```

经过测试,可以看到程序对任何输入的数据都能正常运行并得到正确的结果。

以上是根据数学知识知道输入数据有 6 种方案。但在有些情况下,并没有现成的数学公式作依据,例如一个商品管理程序,要求对各种不同的检索作出相应的反应。如果程序包含多条路径(如由 if 语句形成的分支);则应当设计多组测试数据,使程序中每一条路径都有机会执行,观察其运行是否正常。

以上就是程序测试的初步知识。测试的关键是正确地准备测试数据。如果只准备 4 组测试数据,程序都能正常运行,仍然不能认为此程序已无问题。只有将程序运行时所有的可能情况都做过测试,才能作出判断。

测试的目的是检查程序有无"漏洞"。对于一个简单的程序,要找出其运行时全部可能执行到的路径,并正确地准备数据并不困难。但是如果需要测试一个复杂的大程序,要找到全部可能的路径并准备出所需的测试数据并非易事。例如,有两个非嵌套的 if 语句,每个 if 语句有 2 个分支,它们所形成的路径数目为 $2\times2=4$。如果一个程序包含 100 个非嵌套的 if 语句,每个 if 语句有 2 个分支、则可能的路径数目为 $2^{100}\approx1.267\,651\times10^{30}$。实际上进行测试的只是其中一部分(执行概率最高的部分)。因此,经过测试的程序一般来说还不能轻易宣布为"没有问题",只能说:"经过测试的部分无问题"。正如检查身体一样,经过内科、外科、眼科、五官科……各科例行检查后,不能宣布被检查者"没有任何病症"一样,他可能有隐蔽的、不易查出的病症。所以医院的诊断书一般写"未发现异常",而不能写"此人身体无任何问题"。

读者应当了解测试的目的,学会组织测试数据,并根据测试的结果完善程序。

应当说,写完一个程序只能说完成任务的一半(甚至不到一半)。调试程序往往比写程序更难,更需要精力、时间和经验。常常有这样的情况:程序花一天就写完了,而调试程序两三天也未能完。有时一个小小的程序会出现五六处错误,而发现和排除一个错误,有时竟需要半天,甚至更多。希望读者通过实践掌握调试程序的方法和技术。

第四部分

《C 语言程序设计》
（第 5 版）的习题
和参考解答

第 7 章

习题和参考解答

图 书 资 源 支 持

感谢您一直以来对清华版图书的支持和爱护。为了配合本书的使用,本书提供配套的资源,有需求的读者请扫描下方的"书圈"微信公众号二维码,在图书专区下载,也可以拨打电话或发送电子邮件咨询。

如果您在使用本书的过程中遇到了什么问题,或者有相关图书出版计划,也请您发邮件告诉我们,以便我们更好地为您服务。

我们的联系方式:

清华大学出版社计算机与信息分社网站: https://www.shuimushuhui.com/

地　　址: 北京市海淀区双清路学研大厦 A 座 714

邮　　编: 100084

电　　话: 010-83470236　　010-83470237

客服邮箱: 2301891038@qq.com

QQ: 2301891038 (请写明您的单位和姓名)

资源下载: 关注公众号"书圈"下载配套资源。

资源下载、样书申请

书 圈

图书案例

清华计算机学堂

观看课程直播